SAMMLUNG GÖSCHEN BAND 210

KRISTALLOGRAPHIE

Von

Professor Dr. W. Bruhns †

Vierte Auflage

Neubearbeitet von

Dr. P. Ramdohr

ord. Professor an der Universität Heidelberg

Mit 163 Abbildungen

WALTER DE GRUYTER & CO.

vormals G. J. Göschen'sche Verlagshandlung · J. Guttentag, Verlagsbuchhandlung · Georg Reimer · Karl J. Trübner · Veit & Comp.

Berlin 1954

Archiv-Nr. 110210
Gesamtherstellung: Hubert & Co., Göttingen
Printed in Germany

Inhalt

Einleitung

Die moderne Naturwissenschaft hat erkannt, daß die festen Substanzen, gleichgültig ob es anorganische Naturkörper, also Mineralien oder ihre Gemenge, Produkte der chemischen Synthese, also die Metalle, die keramischen Massen, die Farbstoffe, die Fällungen der Analyse, oder die Festkörper der Tier- und Pflanzenwelt, etwa Knochen, Holzfasern, aber z.B. auch Viren sind, ganz überwiegend kristallin sind. Damit ist für alle diese Stoffe ein gemeinsamer Gesichtspunkt zur Betrachtung und Untersuchung gegeben.

Man hat früher als Hauptmerkmal kristallisierter Materie die äußere „Kristall"form angesehen, die in der Tat das augenfälligste Kennzeichen darstellt. Die Formen von Quarz, Schneeflocken, Kalkspat, Gips, Rohrzucker sind dem Menschen seit ältesten Zeiten aufgefallen, und es ist selbstverständlich, daß sie den Ausgangspunkt zur Untersuchung der Kristalle[1]), zur „Kristallographie" bildeten. Die äußere Form ist aber nur eines der Merkmale, eines, das zudem oft aus den verschiedensten Gründen fehlt. Es ist damit nicht berechtigt, sie so einseitig zu bevorzugen, wie das bisher allgemein und auch in früheren Auflagen dieses Werkchens geschah. Wenn wir gleich als Grundprinzip für die Anordnung der kleinsten Teilchen fester Materie im Raum den Satz kennenlernen: „Die chemischen Bausteine haben das Bestreben, sich möglichst hochsymmetrisch mit ihresgleichen zu umgeben", so ist zur schulmäßigen Aneignung des Begriffes der Kristallsymmetrie aber keine Methode so gut geeignet, wie eben das Vertrautwerden mit den lange bekannten Kristallformen. Damit wird in einem

---

[1]) „Kristall", von griech. κρύσταλλος = Eis, übertragen Bergkristall. Es müßte also „Krystall" geschrieben werden. Kristall bzw. Kristalle wird im folgenden abgekürzt x bzw. xx, auch x'graphisch = kristallographisch usw.

für den Anfänger bestimmten Buch ihnen immer ein erheblicher Teil gewidmet bleiben müssen.

Die geometrische Kristallographie, die Lehre von den geometrischen Eigenschaften der Kristalle, und die physikalische Kristallographie (oder Kristallphysik), die Beziehungen der physikalischen Eigenschaften mit den geometrischen zunächst empirisch verfolgt, sind beide zu einem gewissen Abschluß gekommen. Dagegen ist die chemische Kristallographie, oder wie sie jetzt allgemein genannt wird, die Kristallchemie z. Zt. in blühendster Entwicklung und erklärt oft leicht bisher unverständliche Beziehungen und Gesetzmäßigkeiten der Form, der physikalischen Eigenschaften, der chemischen Mischkristallbildung.

Literatur. Da die geometrische und physikalische Kristallographie stets die wichtigsten Hilfswissenschaften der Mineralogie waren, finden sich die Angaben darüber besonders in den mineralogischen Lehrbüchern und Spezialwerken, z. B.

1. *Klockmann-Ramdohr*, Lehrbuch der Mineralogie. 13. Aufl. Stuttgart 1948.
2. *Dana-Ford*, A textbook of mineralogy. 4. Ed. New York 1932.
3. *Niggli, P.*, Lehrbuch der Mineralogie und Kristallchemie. 3. Aufl. 2 Bde. Berlin 1941.
4. *Correns, C. W.*, Einführung in die Mineralogie, Kristallographie und Petrologie. Heidelberg 1949.
5. *Liebisch, Th.*, Geometrische Kristallographie. Leipzig 1881.
6. *Liebisch, Th.*, Physikalische Kristallographie. Leipzig 1891.
7. *Groth, P.*, Physikalische Kristallographie. 4. Aufl. Leipzig 1905.
8. *Winckler, H.*, Struktur und Eigenschaften der Kristalle. Heidelberg 1950.

Die Grundlagen der Kristallstrukturlehre und der Kristallchemie gehören heute zum Gemeingut der Mineralogie, Chemie und Physik (und vieler anderer Wissenszweige!) und sind demnach in Lehrbüchern aller dieser Wissenszweige — natürlich mit entsprechend verschiedener Betonung — enthalten. Ich nenne da:

9. *Bragg, W. L.*, Atomic Structure of Minerals. New York 1937.

10. *Pauling, L.*, The Nature of the Chemical Bond. Cornwell 1945.

11. „Internationale Tabellen" zur Bestimmung der Kristallstrukturen. Berlin 1935.

12. *Stillwell, C. W.*, Crystal Chemistry. McGraw Hill, New York 1938.

13. *Evans, R. C.*, Crystal Chemistry. Cambridge 1946.

14. *Hückel, W.*, Anorganische Strukturchemie. Stuttgart 1948.

15. *Wells, A. F.*, Structural Inorganic Chemistry. Oxford 1945.

16. *Strunz, H.*, Mineralogische Tabellen. Leipzig 1949.

Es ist begreiflich, daß bei einer so gedrängten Darstellung eines schwierigen Stoffes auf Ableitungen meist verzichtet, die Zahl der Beispiele stark eingeschränkt und oft Hinweise auf spätere Abschnitte in Kauf genommen werden müssen. Der Verfasser hofft aber, daß das Büchlein trotz allem einigermaßen klar und wissenschaftlich korrekt geblieben ist. Damit der Leser unvermeidbare Gedankensprünge überbrücken und selbst tiefer in die Materie eindringen kann, ist auch schon recht speziellen Ansprüchen genügendes Schrifttum hier angeführt.

Allgemeines

Definition von Kristall und kristallin

Die Erweiterung der Kenntnisse vom Wesen der xx hat eine Änderung der alten Definition nötig gemacht. Die äußere Form ist nur eine der zahlreichen Gesetzmäßigkeiten, die in der Anordnung der kleinsten Bausteine im Raum begründet sind. — Die amorphen Körper, zu denen die Gase und Flüssigkeiten, von den festen Körpern aber nur recht wenige gehören (Glas, Gelatine), besitzen eine regellose statistische Verteilung dieser Teilchen. Als Folge davon verhalten sie sich in allen Richtungen gleich; sämtliche Eigenschaften lassen keine Richtungsverschiedenheiten erkennen. Die Form, die ein solcher Körper beim Wachstum annimmt, ist nur von Stoffzufuhr und Umgebung abhängig und wird bei idealen Bedingungen eine Kugel sein. Demgegenüber sind in den Kristallen die kleinsten Bausteine, die Ionen, Atome, Moleküle sein können, in gesetzmäßiger Weise angeordnet. Welcher Art diese Anordnung ist, war früher nur aus den durch sie bedingten Folgeerscheinungen z. B. richtungsverschiedener Kohäsion, Lichtdurchlässigkeit, Wachstumsgeschwindigkeit zu erschließen. Die Anschauungen darüber haben sich demgemäß von Capeller (1723) über Hauy (1782), Bravais (1850) und Schoenflies (1892) etwas geändert. Wir wissen seit Laue (1912) mit Sicherheit, daß diese Anordnung in Raumgittern erfolgt. Ein fester Körper ist also „kristallin“ oder ein „Kristall“, wenn seine kleinen Bausteine gesetzmäßig in Raumgittern angeordnet sind. — Wollen wir die äußere „Kristallform“ betonen, so müßten wir eigentlich immer von „wohlentwickelten“ xx oder ähnlich sprechen; meist wird der Zusammenhang uns das ersparen.

Begriff Raumgitter. Was ist nun ein „Raumgitter"? Gehen wir aus von einer Reihe von Punkten, die in unendlicher Folge regelmäßig, einzeln und in gleichen Abständen einander folgen. Wir nennen sie „Punktreihe". Wir übertragen diesen Begriff in die zweite Dimension und erhalten die „Netzebene". In ihr kann die Folge in den Richtungen *a* und *b* dieselbe sein, braucht es aber nicht. Ihr ∢ γ kann beliebig, jeweils aber natürlich gleichbleibend, im Spezialfall 90° oder 60° sein. Im dreidimensional-periodischen „Raumgitter" sind die Abstände in den *a*-, *b*-, *c*-Richtungen im allgemeinen voneinander verschieden, ebenso die Winkel α, β, γ (Abb. 1), im Speziellen wieder gleich bzw. 90° oder 60°.

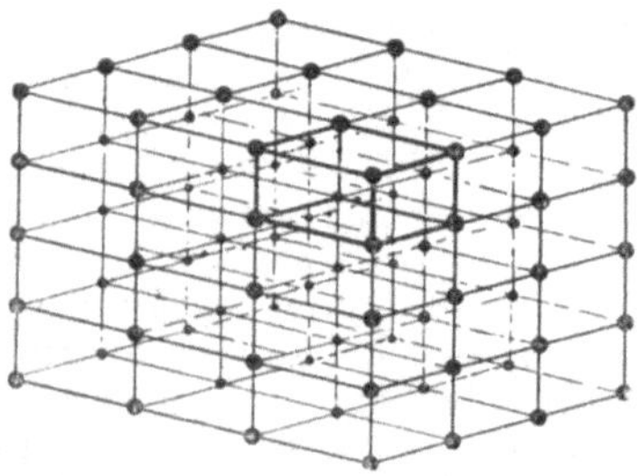

Abb. 1

Wer erstmalig den Gedanken ausgesprochen hat, daß die Kristalle solche Raumgitteranordnungen darstellen, ist nicht leicht festzustellen. Größere Resonanz und durchgreifendere Anerkennung fand der Gedanke erst in der Form von R. J. Hauy (1782). Hauy ging aus von der Beobachtung, daß Kristallformen, z. B. das Oktaeder des Fluorits (Abb. 2) oft aus kleinen Bausteinen einer den Raum zwischenraumlos erfüllenden Form (Würfel bei Flußspat, Spaltrhomboeder bei Kalkspat) aufgebaut sind. Er dachte sich nun die kleinsten Bausteine, als die er die Moleküle ansah, von analoger Form

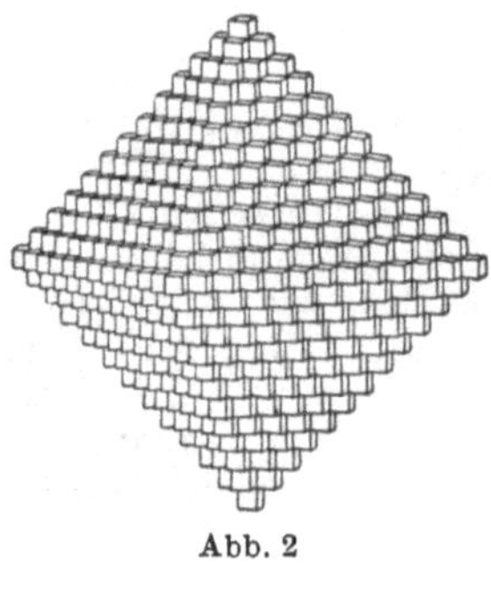

Abb. 2

und Anordnung (Moléculs intégrants). Da diese Packung, dicht auf dicht, manche Eigenschaften, z. B. die Kompressibilität, nicht ungezwungen erklärte, wurde die Überlegung etwas abgewandelt, die moléculs intégrants, z. B. durch lockere Punktsysteme oder ähnlich ersetzt (z. B. Seeber, 1822). Welcher Art die Punktsysteme sein konnten, hat erstmalig Frankenheim (1855), später z. T. korrigiert durch Bravais (1850)[1]) entwickelt. Er stellte fest, daß es bei den gegebenen Möglichkeiten der Kristallsymmetrie nur 14 Elementargitter gibt, auf die alle Raumgitteranordnungen sich zurückführen lassen. Im folgenden sind von ihnen in jedem System die dorthin gehörenden vorangestellt. Wie man weiter zu den Raumgruppen, Symmetrieklassen, Kristallsystemen kommt, ist im folgenden (S. 15) dargestellt.

Das Grundprinzip des Kristallwachstums

1723 hat, kaum beachtet, der Luzerner Arzt Cappeller den Gedanken geäußert — in heute verständlicher Form ausgedrückt! —, daß jedes Kristallwachstum auf das Bestreben der kleinsten Teilchen zurückgeht, sich möglichst hochsymmetrisch mit seinesgleichen zu umgeben. Wir fassen das zunächst einmal als eine Beobachtungstatsache auf; darzustellen, daß der Aufbau der Atome, insbesondere die in der äußeren Elektronenschale enthaltenen elektrischen Bindungskräfte, der Anlaß dazu ist, geht über den Rahmen dieses Buches hinaus. Wir erklären uns diese fundamentale Neigung hier nur so, daß das entstehende gesetzmäßige Bauwerk eine geringere freie Energie, d. h. größere Beständigkeit hat als eine regellose Anordnung.

Koordinationszahlen. Welche Art der Anordnung die kleinsten Bausteine zueinander wählen, hängt von ihrem Raumbedarf ab. Der Begriff des „Raumbedarfs"

---

[1]) Die Frankenheimsche Darstellung bleibt aber leichter faßlich und ist eigentlich allgemein angenommen (trotzdem wird von „Bravais-Gitter" geredet!).

ist schwer zu fassen und je nach der zugrunde liegenden Definition verschieden. Man kommt am bequemsten, wenn auch sicher übermäßig vereinfacht, zu einer verständlichen Darstellung, wenn man für jedes Atom oder in heteropolaren Verbindungen für jedes Ion einen empirisch feststellbaren „Atom- oder Ionenradius“ annimmt (s. u.). Dieser „scheinbare“ Radius wurde erstmalig von V. M. Goldschmidt aus Tausenden von Kristallarten für fast alle Elemente und die meisten Ionenarten tabellarisch erfaßt. Wir haben mit Größen etwa von 0,2 bis 2,4 Å zu rechnen. Geht man aus etwa vom Sauerstoffion O^{-2} mit relativ sehr großem Radius (~1,35 Å), so wird ein sehr kleines Ion, etwa B^{+3} (~0,2 Å) zwischen drei in einer Ebene liegenden Sauerstoffkugeln Platz finden, die Koordinationszahl ist 3 (Abb. 3b). Überschreitet die Größe der zweiten Ionenart einen gewissen Grenzwert, so hat es keinen Platz mehr, sondern legt sich in die Mitte zwischen 4 Kugeln, bildet „4er-Koordination“, weiter 6er-, 8er- und, bei etwa gleicher Größe wie das Sauerstoffion, 12er-Koordination (Abb. 3f). Die Grenzwerte für die Radienverhältnisse (klein : groß) rein rechnerisch sind 3er zu 4er 0,22, 4er zu 6er 0,41, 6er zu 8er 0,73. In praxi besteht eine gewisse Toleranz nach beiden Seiten, eine Beobachtung, die für manche später zu besprechenden Dinge bedeutsam ist. Die Toleranz wird durch Wärmeschwingungen erhöht, d.h. bei hohen Temperaturen werden oft eigentlich untragbare Radienverhältnisse beobachtet.

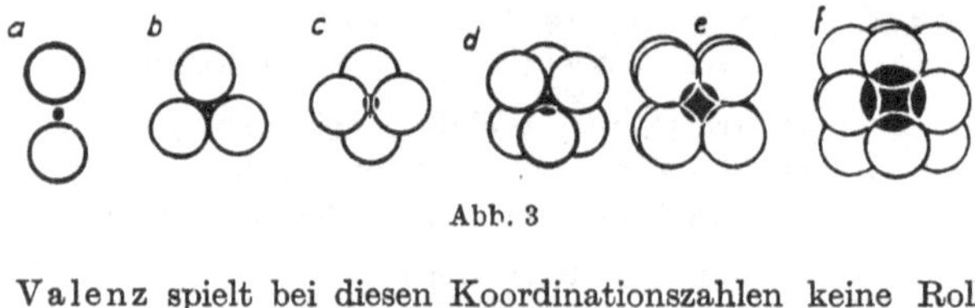

Abb. 3

Valenz spielt bei diesen Koordinationszahlen keine Rolle. Es können z.B. Cl^{+7}, S^{+6}, P^{+5}, Si^{+4}, Al^{+3}, Be^{+2} in 4er-Koordina-

Atom- und Ionenradientabelle

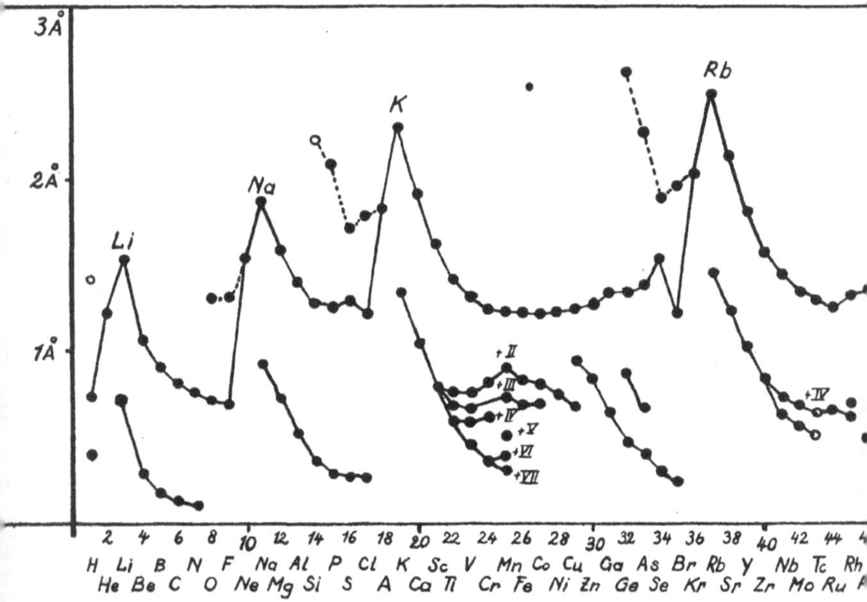

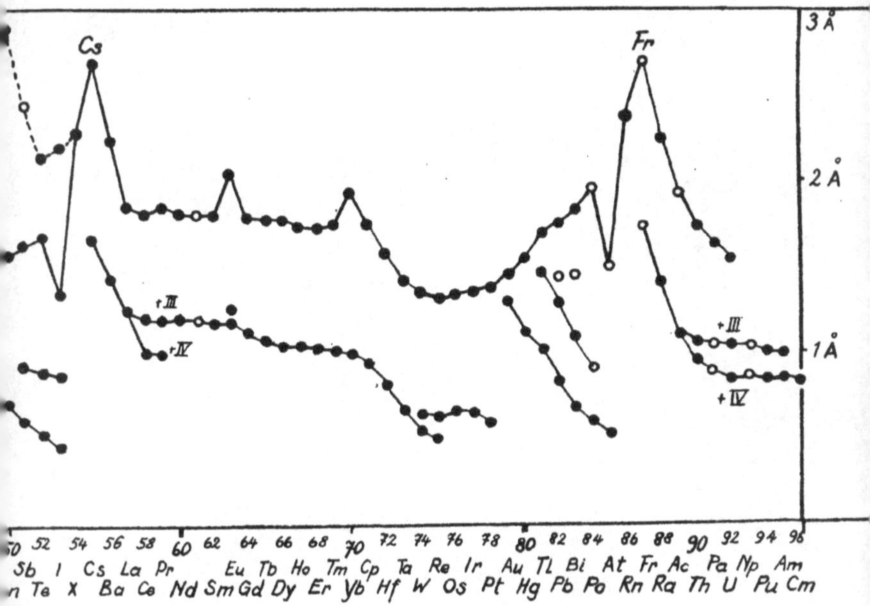
Cs
Fr
3 Å
2 Å
1 Å
+III
+IV
+III
+IV
50 52 54 56 58 60 62 64 66 68 70 72 74 76 78 80 82 84 86 88 90 92 94 96
Sb I Cs La Pr Eu Tb Ho Tm Cp Ta Re Ir Au Tl Bi At Fr Ac Pa Np Am
Te X Ba Ce Nd Sm Gd Dy Er Yb Hf W Os Pt Hg Pb Po Rn Ra Th U Pu Cm

tion von Sauerstoff umgeben sein. Natürlich besitzt aber der Baustein als Ganzes eine Valenz, z.B. BO_3^{-3}, SiO_4^{-4}, TiO_6^{-8}, UO_8^{-14}, BaO_{12}^{-22}, die sich darin äußert, daß die entsprechende Anzahl von Kationen oder Anionen zur Bildung eines elektrostatisch abgesättigten Kristallgitters herangezogen werden müssen — in den gewählten Beispielen Y^{+3} zu $[BO_3]^{-3}$, $2Mg^{+2}$ $[SiO_4]^{-4}$, $2Ti^{+4}$ $[TiO_6]^{-8}$, $7U^{+2}$ $[UO_8]^{-14}$ $(Ba_3Ti_4)^{+22}$ $[BaO_{12}]^{-22}$.

Man kann roh einteilen in sehr große, große, mittlere, kleine und sehr kleine Ionen. Dabei sind die Kationen stets jeweils kleiner als die nichtionisierten Atome (z.B. von Metallen). Die Anionen sind demgegenüber größer als die Atome. Mehrere Ladungszahlen („Wertigkeiten") bedeuten bei Kationen stets Abnahme des Radius für die höhere Wertigkeit (z.B. Mn^{II} $\sim$0,98, Mn^{III} $\sim$0,73, Mn^{IV} $\sim$0,51, Mn^{VI} $\sim$0,40, Mn^{VII} $\sim$0,37) (vgl. beistehende Atomradientabelle).

Die Tabelle, deren volle Wichtigkeit erst später erkennbar sein wird, zeigt bei den Atomen und analog in gleichwertig geladenen Ionen ein gesetzmäßiges Auf und Ab, analog der Kurve der Atomvolumina. Elemente gleicher Vertikalreihen im periodischen System werden jeweils mit größerer Ordnungszahl größer, die Größe nimmt aber innerhalb der Horizontalreihe jeweils ab von den Alkalien bis zu denen der achten Gruppe, um mit denen der Nebenreihen wieder anzusteigen. Eine sehr wichtige Ausnahme von der generellen Regel der Zunahme der Radien analoger Elemente besteht aber: Die Elemente nach dem Lanthan (d.h. die seltenen Erden) zeigen trotz gleicher Wertigkeit eine kleine Abnahme mit steigendem Atomgewicht. Die „Lanthanidenkontraktion" wird dadurch wichtig, daß durch sie veranlaßt analoge Elemente vor ihr genau gleiche Radien haben können, wie solche nach ihr, d.h. in allen Verbindungen einander vertreten können, sich gegenseitig „tarnen" (camouflieren) können. So ist die späte Auffindung des Hf in Zr-Mineralien, das stete Nebeneinander von Niob und Tantal, Gold und Silber, Platin und Palladium verständlich. Erst ganz neuerdings ist eine analoge Kontraktion bei Ac-Pa-U und den künstlichen Elementen Np, Pu, Am, Cm erkannt worden.

Neben den durch die Lanthanidenkontraktion bedingten Ähnlichkeiten chemisch analoger Elemente zeigen aber auch Ionen verschiedener Wertigkeit oft sehr weitgehende Übereinstimmung der Radien. So sind Ca^{+2}, Y^{+3}, Cp^{+3}, U^{+4} sehr ähnlich, aber auch B^{+3}, C^{+4}, N^{+5}, S^{+6}, I^{+7}. Das heißt, daß sie in ihrer Koordinationszahl z.B. zu Sauerstoff sich gleich verhalten, und, falls die weiter am Aufbau der kristallisierenden Verbindung beteiligten Elemente unter sich ebenfalls ähnliche Radien, aber entsprechend umgekehrte Valenz besitzen, sehr weitgehend in den Dimensionen übereinstimmende Verbindungen entstehen! So sind z.B. ähnlich: $Ba^{II}S^{VI}O_4$ — $K^{I}Mn^{VII}O_4$ — $Rb^{I}Cl^{VII}O_4$ — $Cs^{I}B^{III}F^{I}_4$; $Ca^{II}Ti^{IV}O[Si^{IV}O_4]$ — $CaMgF[As^{V}O_4]$; $Sc^{III}_2[Si^{IV}_2O_7]$ — $Mg^{II}P^{V}_2O_7$; $Al^{III}_2Be^{II}O_4$ — $Mg^{II}_2Si^{IV}O_4$ — $Li^{I}Fe^{II}P^{V}O_4$, oder, um einen komplizierten Fall zu erwähnen, $Ca_5Cl[PO_4]_3$ — $Ca_5Cl[SO_4 | PO_4 | SiO_4]$ — $Ca_4NaCl[(PO_4)_2 | SiO_4]$ usw.

Mischkristalle. Seit Mitscherlich wissen wir, daß gewisse Elemente in Verbindungen einander vertreten können, ohne daß die Kristallform sich dabei wesentlich ändert. Die beiden Endglieder der „Mischkristallreihe" sind „isomorph", die sich vertretenden Elemente sind „diadoch" (irreführend ebenfalls isomorph genannt). Es stellte sich bald heraus, daß die diadochen Elemente keineswegs immer die gleiche Wertigkeit besitzen und andererseits, daß solche gleicher Wertigkeit oft sich nicht vertreten können. So bilden $Ba^{II}S^{VI}O_4$ und $\hat{O}^{I}\hat{O}n^{VII}O_4$ Mischkristalle, $BaSO_4$ und $CaSO_4$ nicht. Notwendig für Mischkristallbildung ist in den beiden Gittern: Etwa gleiche Gitterdimensionen, gleicher Bindungstyp, meist gleiche Zahl Anionen und Kationen und schließlich analoger Gitterbau. Alle diese Bedingungen brauchen, besonders bei höherer Temperatur, wo die Mischbarkeit überhaupt zunimmt, nicht streng erfüllt zu sein. Besonders wichtig ist die Gitterdimension, Vertretungsmöglichkeiten können also oft aus der Ionenradientabelle vorausgesagt werden. Ist die Valenz der diadochen Elemente nicht die gleiche, so muß an anderer Stelle „gekoppelter Valenzausgleich" eintreten, wie im hier gezeigten Beispiel Bariumsulfat-Kaliumpermanganat, oder bei den Plagioklasen $NaAlSi_3O_8$—$CaAl_2Si_2O_8$.

Auf die Abweichungen, die z. B. darin liegen, daß leere Gitterplätze von zusätzlichen Ionen eingenommen werden, oder umgekehrt andere nicht besetzt werden, beides um den Valenzhaushalt zu erfüllen, und viele andere kann nicht eingegangen werden. — Auf die engen Beziehungen zu orientierten Verwachsungen, gewissermaßen Vorstufen der Mischkristallbildung, sei aber hingewiesen.

Begriff Symmetrie und Symmetrieelemente

An den freigewachsenen Kristallen beobachten wir sehr häufig „Symmetrie". Die außerordentlich vielgestaltigen Formen des Kalkspats haben z. B. das gemeinsam, daß bei voller Drehung (360°) um eine Axe der Kristall 3 mal (Abb. 4a, 4b) mit sich zur Deckung kommt: wir sagen: der Kalkspat hat eine „dreizählige" Symmetrieaxe[1] (S. A.). Oder etwa der Augit: alle Kristalle dieses Minerals lassen sich so zerschneiden, daß zwei spiegelbildlich gleiche Hälften entstehen. Wir sagen, der Kristall besitzt eine Symmetrie- oder

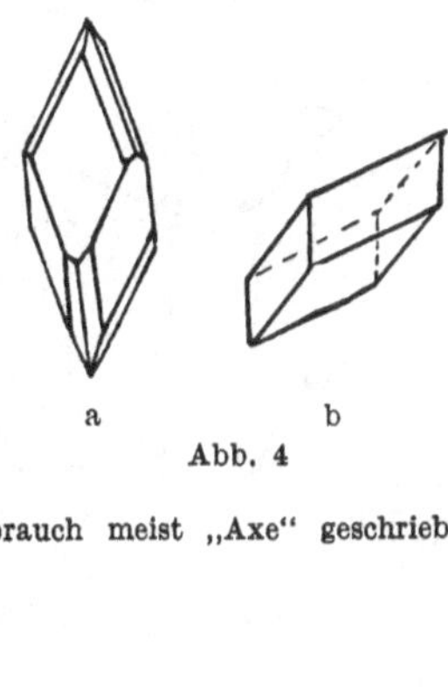

a b

Abb. 4

[1]) Achse wird im x'graphischen Gebrauch meist „Axe" geschrieben!

Spiegelebene (S.E., m) (Abb. 5, 6). Schließlich ein künstlich gezüchteter x von Kupfervitriol: Er sieht zunächst sehr unsymmetrisch aus. Wir erkennen aber bei genauem Hinsehen, daß jeder Fläche, Kante, Ecke auf der Vorderseite „invers" d. h. richtungsverkehrt auf der Rückseite ein gleichwertiges Element entspricht. Der Kristall hat ein „Symmetrie-" oder „Inversionszentrum" (C). Berücksichtigen wir dann weiter, daß der Kristall nicht kontinuierlich aus Masse besteht, sondern diskontinuierlich aus kleinsten Bausteinen aufgebaut ist, so müssen wir, um eine Ausgangszelle (in Abb. 1 dicker) in eine andere überzuführen, die Parallelverschiebung oder Gleitung hinzunehmen. Diese „einfachen Symmetrieoperationen" sind nun zu kombinieren: Drehung und Spiegelung führt zur Drehspiegelung, Spiegelung und Gleitung zur Gleitspiegelung (Abb. 7), Drehung und Gleitung zur „Drehgleitung" oder Schraubung (Abb. 8, 9).

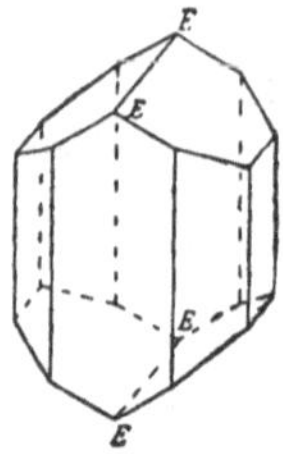

Abb. 5

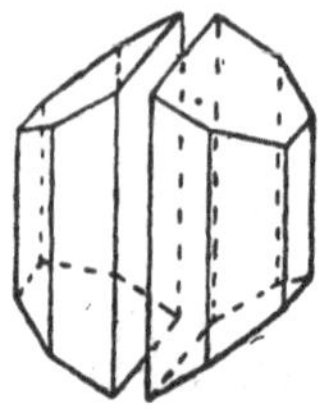

Abb. 6

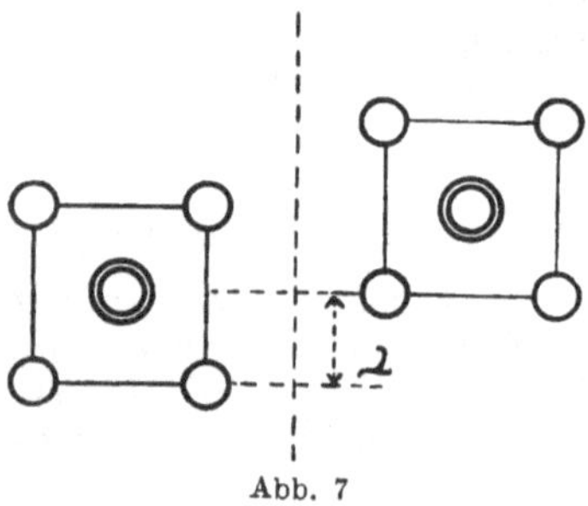

Abb. 7

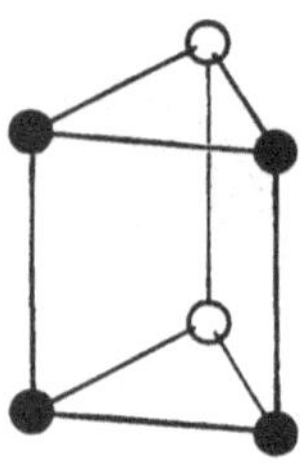

Abb. 8

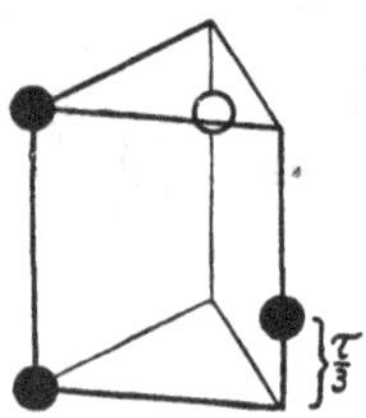

Abb. 9

Da die Gleitbeträge τ Bruchbeträge der Gitterdimensionen und zwar $^1/_2, ^1/_3, ^1/_4, ^1/_6$ darstellen, sind die Symmetrieelemente, die eine Gleitung enthalten, mit freiem Auge, also in der „groben“ Kristallographie nicht bemerkbar und unwesentlich. Bei jeder Behandlung des Gitters müssen wir sie aber berücksichtigen, auch sind sie für die Erklärung gewisser physikalischer Eigenschaften sehr bedeutsam. Symmetrieaxen können in Kristallen als 2-zählig (⬮), 3-zählig (▲), 4-zählig (■) und 6-zählig (⬢) auftreten, demgemäß gibt es auch Axen, die erst durch Schraubung diese äußere Symmetrie hervorrufen: ⬯, △, □, ⬡ — 2-, 3-, 4-, 6-zählige Schraubenaxen. Es kann auch eine 4-zählige Schraubenaxe 2-zählige einfache Axe, eine 6-zählige Schraubenaxe 3- oder 2-zählige einfache Axe sein.

Drehspiegelaxen sind 4-zählig und gleichzeitig 2-zählig für einfache Symmetrie ◈, oder 6-zählig und gleichzeitig 3-zählig für letztere ⬣. (In diesem Fall ist das dasselbe wie 3-zählige Axe mit Inversionszentrum.) — Das Inversionszentrum läßt sich übrigens — für den Anfänger nicht recht bildhaft! — auch definieren als „1-zählige Axe, die 2-zählige Drehspiegelaxe wird“.

Die Symmetrieklassen und Raumgruppen. Symmetrieaxen anderer Zähligkeit als (1), 2, 3, 4, 6 sind kristallographisch unmöglich, wie sich geometrisch leicht zeigen läßt. Gleichwertige Symmetrieaxen können nur Winkel von 120°, 109°28′, 90°, 60° miteinander bilden. Damit wird die Zahl der möglichen Kombinationen der Symmetrieelemente stark eingeschränkt.

Sie wird es weiter dadurch, daß viele Kombinationen jeweils zum selben Ergebnis führen.

J. F. C. Hessel hat 1830 erstmalig die möglichen Klassen der äußerlich erkennbaren Symmetrie der Kristalle richtig abgeleitet. Es sind die 32 Symmetrieklassen. Die Ableitung ist prinzipiell sehr einfach. Sie kann abbauend von der höchsten möglichen Symmetrie — wie Hessel es machte — oder aufbauend erfolgen, wie es heute meist üblich ist. Man vergleiche dazu z. B. (Lit. 3) oder (Lit. 5).

A. Schoenflies (1892) und E. S. Fedorow (1885—1890) haben den Gitterbau der xx und damit auch die Gleitbeträge enthaltenden Symmetrieelemente bei der Kombination berücksichtigt. Sie kommen zu den 230 Raumgruppen (bei anderer Zählung 219). Auch ihre Ableitung ist an sich elementar, aber recht zeitraubend (vgl. Lit. 11).

Wie man die 32 Symmetrieklassen bzw. 230 Raumgruppen einteilt, ist an sich willkürlich, aber konventionell am bequemsten in der Form der lange bekannten sieben Kristallsysteme (s. S. 20). Auch die Benennung und Bezeichnungsweise im einzelnen ist natürlich willkürlich. Eingeführt sind international die Symbolik nach Schoenflies (z. B. D_{6h} bzw. D_{6h}^1) und von Hermann-Mauguin (z. B. 6/mmm bzw. C 6/mmm), von denen man die erstere am besten einfach lernt, bzw. in der Tabelle nachsieht, während die letztere in einer dem Anfänger allerdings nicht immer sofort klaren gekürzten Form die vorhandenen Symmetrieelemente darstellt.

Bei Hermann-Mauguin bedeuten: P, C, I, F, primitives, einseitig flächenzentriertes, innenzentriertes, allseitig flächenzentriertes Gitter; eine Zahl eine 2-, 3-, 4-, 6-zählige Axe, ein Strich über dieser Zahl, daß es nur eine Drehspiegel- oder Inversionsaxe ist; den kristallographischen Axen parallele Symm.axen werden vorausgestellt, Schraubenaxen nicht besonders bezeichnet. *m* = Spiegelebenen (mirroir); ihre Zahl wird nicht angegeben, mehrere *m* bedeuten also die Anwesenheit von verschiedenartigen. *a*, *b*, *c* bezeichnen Gleitspiegelebenen in den 3 Pinakoiden. — Einige weitere Besonderheiten können nicht berücksichtigt werden.

Die „Grundgesetze" der geometrischen Kristallographie

Das bisher Dargestellte erscheint ausgehend von der Raumgitternatur der Kristalle und dem Raumbedarf des einzelnen Bausteins im Aufbau heute verhältnismäßig einfach. Um so weit zu kommen, mußte aber ein mühseliger und von Irrungen nicht freier Weg der Sammlung von Beobachtungsmaterial, der mathematischen Entwicklung und schließlich des Experiments und seiner rechnerischen Auswertung gegangen werden. Vor Erkennung der Gitterstruktur der xx faßte man die Erkenntnisse über ihre geometrischen Formen in einer Reihe von „Grundgesetzen" zusammen, die in Wahrheit keine „Grundgesetze", sondern einfache Folge des Gitterbaus sind; der Ausdruck ist aber in Anwendung geblieben.

a) **Die Winkelkonstanz.** Der dänische Arzt Nils Stensen (Nicolaus Steno[1])) beobachtete an seinen bei einer Alpenreise gesammelten Bergkristallen, daß bei allen an entsprechenden Stellen genau die gleichen Winkel auftraten, gleichgültig ob die betreffenden Flächen und Kanten groß oder klein entwickelt waren oder ob die Form des x's als Ganzes regelmäßig oder „verzerrt" aussah. Beim Wachsen der Kristalle wird auf einer Fläche jeweils gleichdick Substanz abgelagert; wechselnde Stoffzufuhr (etwa im Strömungsschatten) kann aber diese Schicht auf gleichwertigen Flächen verschieden dick werden lassen. Die vielleicht zunächst „ideale" Form kann so ganz unregelmäßig aussehen — allemal bleiben die Flächenwinkel gleich. Bei der gleichen Kristallart schließen analoge Flächen (bei gleichem Druck und Temperatur!) gleiche Winkel ein. Daraus ergibt sich die entscheidende Bedeutung der Bestimmung der Flächenwinkel, während die Flächenform und die Zahl von Ecken und Kanten unwichtig ist. Die „Idealform" kann durch Parallelverschiebung immer hergestellt werden. Zum Beispiel ist ein Würfel im x'graphischen Sinn ein Körper aus drei zueinander senkrecht stehenden gleichwertigen Flächenpaaren. Er kann also auch tafel- oder stabförmig (wie bei Kupfer-

[1]) Nicolaus Steno. De solido intra solidum naturaliter contento. Dissertationis prodromus Florenz 1669.

blüte!) ausgebildet sein, ohne daß sich sein x'graphischer Charakter gegenüber der bekannten Idealform ändert. Abb. 9a u. 9b zeigen ein ideales und verzerrtes Oktaeder des Magnetits. Wenn nicht besondere Zwecke verfolgt werden, sind x'graphischen Beschreibungen „ideale" Formen, bei denen gleichwertige Flächen gleichweit vom Mittelpunkt entfernt sind, zugrunde gelegt.

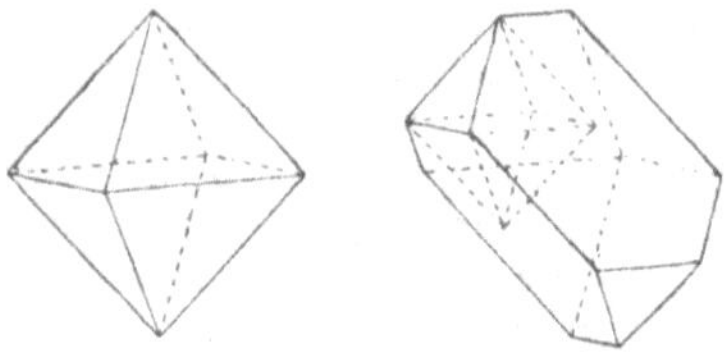

a b

Abb. 9

Kristallmessung. Die Messung der Neigungswinkel bildet einen wichtigen Teil jeder x'graphischen Untersuchung.

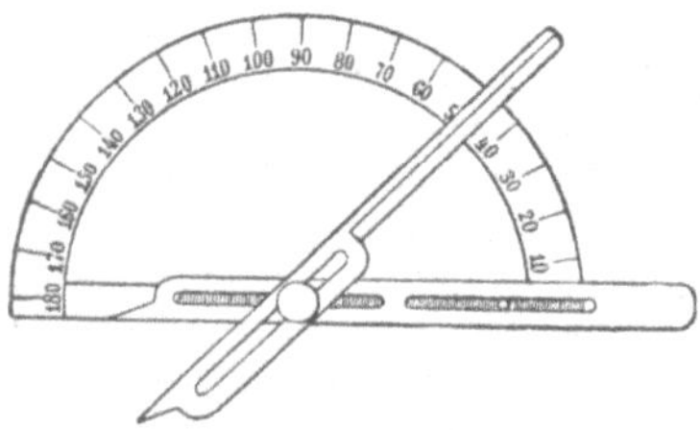

Abb. 10

Carangeot (1782) konstruierte ein **Anlegegoniometer**, das bei guten und nicht zu kleinen xx auf $\frac{1}{3}°$ genaue Messungen gestattet (Abb. 10). Es besteht aus scherenartigen Metalllinealen mit einem Gradbogen. — Zur genaueren Messung an xx mit spiegelnden Flächen benutzt man die **Reflexionsgoniometer**, bei denen man an Stelle der wahren Winkel (α) die **Normalenwinkel** (n) abliest. Natürlich ist $n + \alpha = 180°$ (Abb. 11).

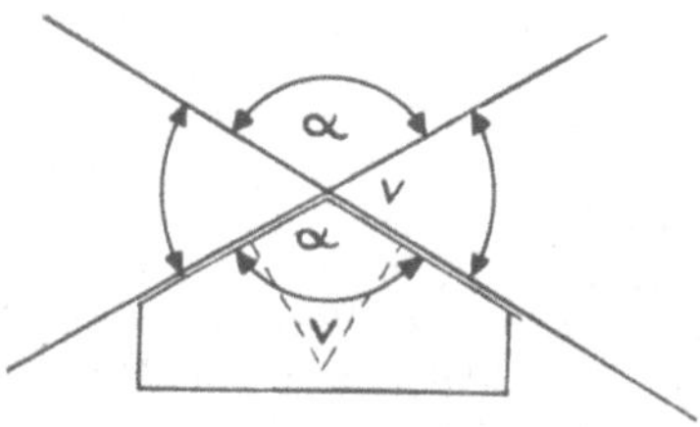

Abb. 11

Im Schrifttum werden die Normalenwinkel angegeben.— Beim Reflexionsgoniometer können manchmal Messungen bis auf $\frac{1}{4}'$ genau ausgeführt werden. Dann findet man gewisse Abweichungen von der genauen Flächenwinkelkonstanz, die aber nur in kleinsten, verschieden zu erklärenden Unebenheiten der Flächen begründet sind.

Begrenzungselemente. Zum Verständnis des Folgenden seien einige kleine — an sich meist bekannte — Ergänzungen gebracht: Begrenzungselemente der xx wie aller ebenflächigen Polyeder sind Flächen (F), Kanten (K) und Ecken (E). Ihre Zahl wird durch die Eulersche Gleichung ausgedrückt $E + F = K + 2$.

Gleichwertige Flächen müssen bei vollkommener Ausbildung gleichgroß und gleichartig entwickelt zusammen auftreten. Die Gesamtheit der gleichwertigen Flächen heißt eine „einfache Form“, die geschlossen, d. h. den Raum allseitig umschließend, oder „offen“ (z. B. Abb. 12) sein kann. Treten mehrere einfache Formen zusammen, so entstehen Kombinationen. Die Abb. 13, 14, 15 zeigen eine solche von Oktaeder und Würfel. Die Kanten zwischen Flächen verschiedener Formen heißen Kombinationskanten.

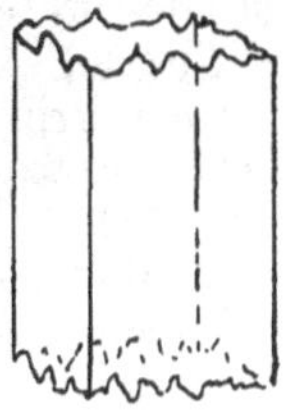

Abb. 12

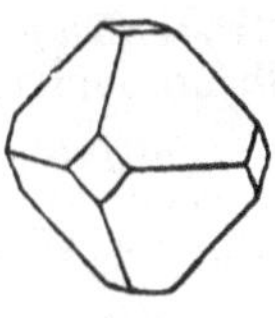

Abb. 13

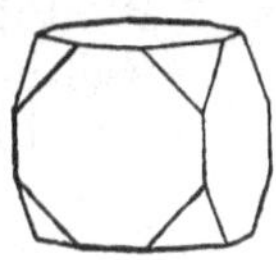

Abb. 14

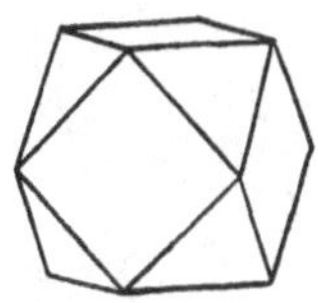

Abb. 15

Kristallographische Axen. Um die Lage der Kristallflächen im Raum zu bezeichnen, muß man die Flächen auf ein dreidimensionales, an sich in der Lage ganz willkürliches Koordinatensystem beziehen. Es ist aber zweckmäßig, vorhandene oder mögliche Kristallkanten dazu zu wählen und weiter darunter solche, die in enger Beziehung zu den Symmetrieelementen und damit zur Gitterzelle stehen. So wenden wir 6 (oder 7) Axenkreuze an, die gleichzeitig die (6 oder) 7 Kristallsysteme schon vorwegnehmen:

1. Kubisch (Regulär)[1]) sind xx, deren Formen sich auf ein Axenkreuz von drei gleichwertigen und aufeinander senkrechten Axen beziehen lassen.

2. Tetragonal (quadratisch) solche, deren Axenkreuz aus drei zueinander senkrechten Axen besteht, von denen zwei gleich, eine dritte, vertikal gestellte, ungleich sind.

3. Hexagonal. Drei gleichwertige Axen, von denen die eine an sich überbestimmt und unnötig ist, schneiden sich unter 120°, eine vierte von abweichendem Wert steht senkrecht zur Ebene der drei ersten.

3a. Rhomboedrisch. Ein Teil der auch unter 3. unterzubringenden xx läßt sich auch beziehen auf ein Axenkreuz aus drei gleichwertigen Axen, die sich unter schiefen, aber gleichen Winkeln schneiden.

4. Orthorhombisch[2]). Drei ungleichwertige Axen schneiden sich unter rechten Winkeln.

5. Monoklin. Alle Axen haben ungleichen Wert, zwei schneiden sich unter schiefem Winkel, die dritte steht senkrecht auf der Ebene beider.

6. Triklin. Drei ungleiche Axen schneiden sich unter verschiedenen schiefen Winkeln.

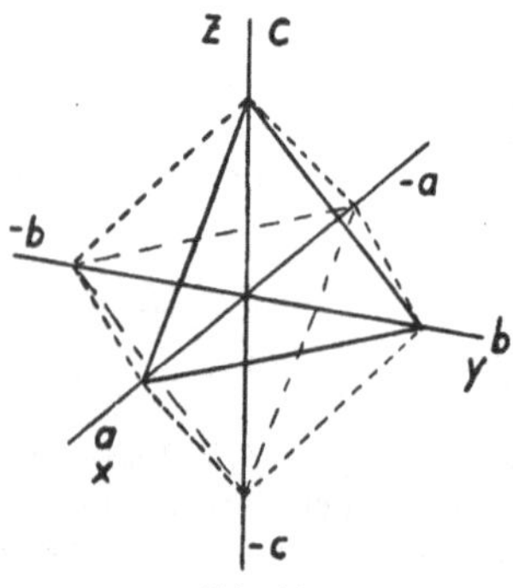

Abb. 16

b) **Das Rationalitätsgesetz.** Die Parameter. Denken wir uns (Abb. 16), daß im Axenkreuz eines triklinen Kristalls durch Messung die Lage einer alle drei Axen

[1]) Der klassische Ausdruck „regulär" kommt allmählich zu Recht außer Gebrauch; regularis heißt „regelmäßig", und das ist jeder x!

[2]) Im folgenden abgekürzt oft o'rhombisch; im Schrifttum oft nur als rhombisch bezeichnet.

schneidenden Fläche festgelegt ist durch Abstände vom Mittelpunkt OA, OB, OC. Die Axen werden bezeichnet: Vorn—hinten a- ($\breve{a}$)- oder X-, rechts—links b- ($\bar{b}$)- oder Y-, oben—unten c- ($\acute{c}$)- oder Z-Axe. Die von O nach vorn bzw. rechts bzw. oben gerichteten Teile werden als positiv (+), die anderen als negativ (—) bezeichnet. Die Längen OA, OB, OC sind nach dem Winkelkonstanzgesetz aber durch Parallelverschiebung zurückzuführen auf die jeweils als Einheit gedachten Werte a, b, c oder deren Verhältnis $a:b:c$. Man nennt sie Parameter bzw. Parameterverhältnis. Welche Axe man als X, Y, Z wählt, ist gleichgültig, man folgt aber dem Herkommen und gewissen Regeln. Die Parameter sind ein irgendwie (s. u.) geartetes Abbild der Gitterdimensionen und somit im allgemeinen Fall Längen, die ohne Beziehung zueinander stehen, für a und c also irrational sind, falls man b als Einheit wählt, etwa: $a:b:c = 0{,}678\ldots : 1 : 1{,}123\ldots$ — Für eine Fläche parallel einer Axe sind nur zwei Parameter anzugeben, der dritte ist unendlich ∞, also $a : b : \infty c$. Flächen parallel zu zwei Axen sind invariabel, z. B. $\infty a : b : \infty c$, wenn die Fläche // der X- und Z-Axe ist.

Alle Körper erleiden bei Temperaturänderungen eine Änderung des Volumens. Diese äußert sich im allgemeinen Fall in verschiedener Verkürzung oder Verlängerung der a-, b-, c-Dimensionen. Damit gilt das Parameterverhältnis und das Gesetz der Konstanz der Flächenwinkel nur für bestimmte Temperaturen (und Drucke). Die Änderungen sind meist klein und zu vernachlässigen.

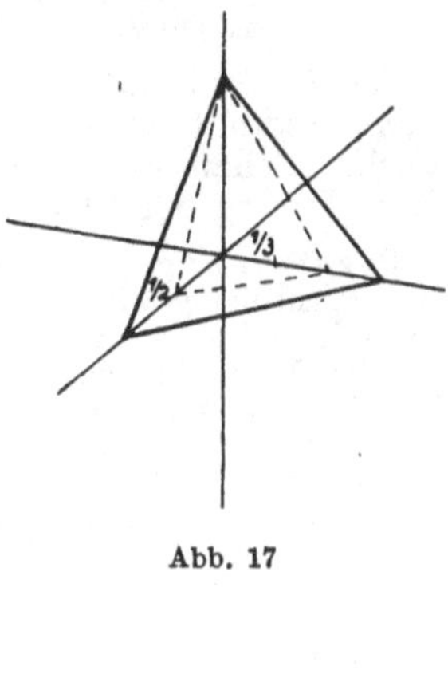

Abb. 17

Das Rationalitätsgesetz. Untersuchen wir an dem eben behandelten Kristall (Abb. 17) eine zweite Fläche, die ebenfalls die X-, Y-, Z-Axen jeweils im positiven Oktanten („vorne, rechts, oben“) schneidet, und stellen ihre Parameter Oa', Ob', Oc' fest, so finden wir, daß diese Werte a', b', c' zu dem zuerst gefundenen a, b, c sich verhalten wie $ma : mb : oc$, wo m, n, o rationale und meist ganz einfache Zahlen sind, d.h. ∞, 1, 2, 3, schon seltener 4 oder 6 u. a.

Man wählt eine durch Glanz, Größe, Spaltbarkeit, Häufigkeit ausgezeichnete Form, die alle drei Axen schneidet, als Einheitsfläche oder „Grundform“ und gibt zahlenmäßig ihr Axenverhältnis $a : b : c$ zusammen mit den Winkeln α, β, γ als Elemente des Kristalls an. Alle anderen Flächen der Kristallart lassen sich mit rationalen Ableitungszahlen auf die Grundform beziehen.

Man hat früher geglaubt, das Rationalitätsgesetz streng beweisen zu können. Die Erkenntnis der Raumgitternatur verlangt nun zwar selbstverständlich, daß ein Kristall aus ganzen Bausteinen sich aufbaut, und damit nur ganzzahlige a-, b-, c-Werte vorkommen, schließt aber sehr komplizierte, für einfache Messungen irrational aussehende Zahlenverhältnisse keineswegs aus. Man muß einen „Flächenenergie-Minimumsatz“ zu Hilfe nehmen, der sagt, daß die freie Energie dicht besetzter Netzebenen, und das sind ja die Netzebenen mit einfachen Parametern, soviel kleiner ist, daß die komplizierten Zahlenwerte unmöglich werden.

Das Rationalitätsgesetz ist prinzipiell von R. J. Hauy 1781 erkannt worden. Es ermöglicht die mathematische Behandlung der Kristalle und die einfache Bezeichnung der Flächen.

Bezeichnungsweise. Für den Anfänger immer am einfachsten bleibt die Symbolik von Chr. Sam. Weiß (Berlin 1816/7). Nach ihm schreibt man für die Flächen das Parameterverhältnis mit den Vorzeichen der betr. Axenteile, also etwa für die Einheitsfläche selbst: $a : b : c$, für eine Fläche mit doppeltem a- und dreifachen c-Abschnitt; letztere auf der negativen Seite der Z-Axe: $2a : b : -3c$ usw. Parallelität zu einer Axe bedeutet ein ∞-Zeichen. Sind durch Symmetrie zwei oder drei Axen gleich, so wird jedesmal a gesetzt, also etwa $3a : a : c$ (bei einem tetragonalen x). Die Reihenfolge gibt stets an, ob der Abschnitt auf X, Y oder Z gemeint ist. Die Weiß'sche Bezeichnung ist aber umständlich und für mathematische Behandlung ungeeignet.

1839 wurde sie von Miller und anderen ersetzt durch die jetzt durchaus herrschende der „Miller-Bravais'schen Indices“. Sie nennt wie diejenige von Weiß die einzelnen Flächen mit Symbolen. Jede Fläche wird durch die auf ganze Zahlen gebrachten reziproken Werte der Ableitungskoeffizienten bezeichnet. Die Buchstaben a, b, c werden als selbstverständlich, durch die Reihenfolge gegeben, weggelassen, erforderliche Minuszeichen über die Zahl gesetzt. Die Fläche $a:b:c$ bekommt also das Zeichen 111, $a:b:-c$ $11\bar{1}$; der reziproke Wert von ∞ wird 0, also $a:b:\infty c$ 110. Zur Bezeichnung der ganzen Form, d.h. aller durch Symmetrie verknüpften Flächen wird das Symbol in { }, aus drucktechnischen Gründen vielfach auch ( ), gesetzt. Aus abgeleiteten Werten, etwa $a:3b:2c$ wird der reziproke Wert, $\frac{1}{1}\ \frac{1}{3}\ \frac{1}{2}$, auf ganze Zahlen gebracht, 623[1]). Sind die Ableitungszahlen z.B. Brüche, so wird sinngemäß verfahren: $3a:\frac{3}{2}b:c$ wird $\frac{1}{3}$, $\frac{2}{3}$, $\frac{1}{1}$, d.h. 123.

Für das allgemeine Weiß'sche Zeichen $ma:nb:oc$ schreibt man hkl, wo $\frac{1}{m}$ h usw. entsprechen soll.

Zonenverband. Unter einer Zone versteht man den Komplex von mindestens drei Flächen, die sich in parallelen Kanten schneiden, d.h. einer Geraden parallel sind. Diese Gerade, die immer eine mögliche Kristallkante sein muß, bezeichnet man als Zonenaxe. Die Zone ist bestimmt, sobald die Richtung der Zonenaxe bekannt ist. Sie wird bezeichnet dadurch, daß man sie durch den Koordinatenanfangspunkt gelegt denkt und dann die Koordinaten irgendeines Punktes auf ihr angibt. Bezeichnen wir diese Koordinaten mit den Indices u, v, w, so sind dies auch die Indices der Zone oder in eckigen Klammern $[uvw]$ das Zonensymbol. Wenn man die Indices zweier Flächen hkl und $h'k'l'$ kennt, läßt sich das Symbol ihrer Schnittkante, der

[1]) Man hüte sich vor simplen Rechenfehlern!

Zone durch eine einfache Determinantenrechnung bestimmen.

Man schreibt die Indices zweimal übereinander, läßt die erste und letzte Kolumne weg, multipliziert je zwei Indices kreuzweise und zieht die Produkte voneinander ab; die drei Differenzen sind dann die Indices der Zone (allgemein und im Zahlenbeispiel — auf Rechenfehler achten!)

$$\begin{array}{c|ccccc|c} h & k & l & h & k & & l \\ h' & k' & l' & h' & k' & & l' \\ \hline \multicolumn{7}{c}{\underbrace{kl'-lk'}_{[u},\ \underbrace{lh'-hl'}_{v},\ \underbrace{hk'-kh'}_{w]}} \end{array} \quad \text{oder} \quad \begin{array}{c|cccc|c} 2 & 3 & 1 & 2 & 3 & 1 \\ 4 & 1 & 1 & 4 & 1 & 1 \\ \hline & \multicolumn{4}{c|}{2\cdot 2\cdot \overline{10}} & \end{array}$$

$$[u\ v\ w] \quad \text{oder} \quad [11\bar{5}]$$

Da die Indices der Zone durch Multiplikation und Subtraktion der Flächenindices, also ganzer Zahlen gewonnen sind, sind sie ebenfalls rational; das mit der Temperatur veränderliche irrationale Axenverhältnis kommt in der Rechnung nicht vor.

Eine Fläche ist stets durch zwei in ihr liegende Richtungen bestimmt; d.h. zwei Zonenaxen geben die Lage einer Fläche. Es ist also in der gleichen Weise wie eben aus *uvw* und *u'v'w'* das Flächensymbol *hkl* zu errechnen.

Projektionsmethoden. Perspektivische Kristallzeichnungen müssen sich von den Zeichnungen der gewöhnlichen Perspektive dadurch unterscheiden, daß die so wichtige Parallelität der Kanten (Zonenverband!) erkennbar bleibt. Sie sind also in der Parallelperspektive anzufertigen, d. h. so, daß man sich den **x** aus unendlicher Entfernung gesehen denkt (vgl. Abb. 18 und alle weiteren Zeichnungen des Büchleins).

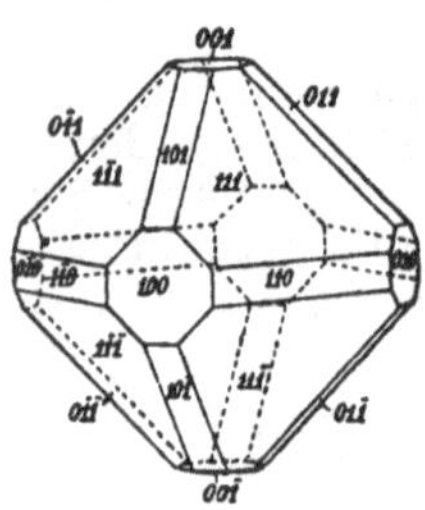

Abb. 18

Will man sich eine vollständige Übersicht des Zonenzusammenhangs, der aus der perspektivischen Kristallzeichnung oft doch nicht ganz klar wird, und der Symmetrieverhältnisse verschaffen, so bedient man sich der Projektion. Unter mehreren ist die gebräuchlichste die stereographische Projektion. Bei ihr werden die Flächen durch Punkte dargestellt. — Man denkt sich (Abb. 19) in den x eine Kugel einbeschrieben und alle Flächen soweit parallel verschoben, daß sie die Kugel berühren. Die Berührungspunkte sind die „Flächenpole". Diese sollen nun auf die durch *gg* senkrecht zur Blattebene gelegte Äquatorebene projiziert werden. Der Äquator selbst heißt dann der „Grundkreis" der Projektion. Sie geschieht so, daß man den Südpol (*S*) mit den Flächenpolen verbindet; die Durchstichpunkte der Verbindungslinien durch die Äquatorebene geben die gesuchten Projektionspunkte[1]). In Abb. 19 ist also $01\bar{1}'$ die Projektion von $\bar{0}11$ usw. Der x Abb. 18 ist in Abb. 20 in Projektion auf (001), der

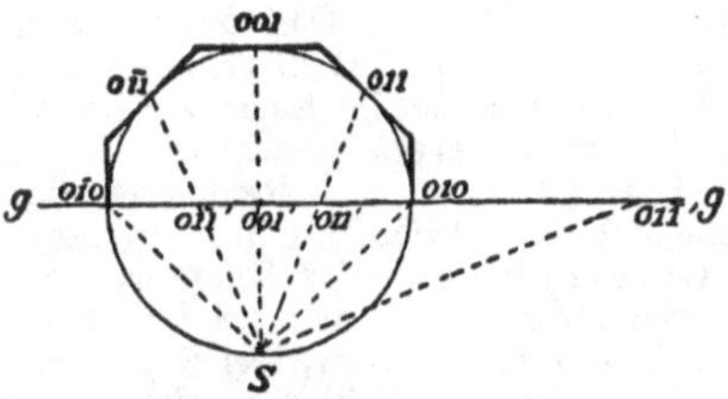

Abb. 19

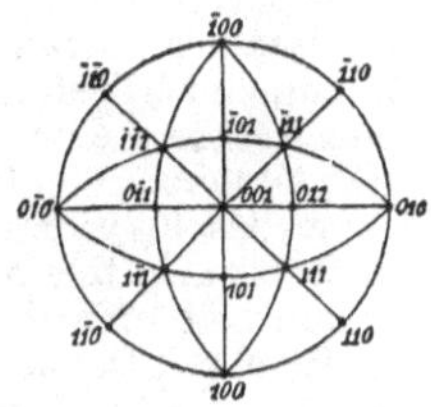

Abb. 20

als Projektionsebene gebräuchlichsten Fläche dargestellt. Jeder größte Kreis auf der Kugel erscheint entweder als Durchmesser des Grundkreises oder als Kreisbogen, der den Grundkreis in zwei Enden eines Durchmessers schneidet. Die Pole von Flächen gleicher Zone liegen

---

[1]) Flächenpole auf der unteren Kugelhälfte können ebenso projiziert werden, z. B. $0\bar{1}1$ in Abb. 19, sie liegen außerhalb des Grundkreises und werden wegen der starken Verzeichnung meist weggelassen.

auf solchen Großkreisen: z.B. $0\bar{1}0$, $1\bar{1}1$, 101, 111, 010 oder $\bar{1}00$, $\bar{1}01$, 001, 101, 100. — Die stereographische Projektion ist ein sehr gutes Hilfsmittel zur Erkennung der Symmetrieverhältnisse und die beste Art zur Berechnung eines Kristalls mit Hilfe von sphärischer Trigonometrie.

Die 32 Symmetrieklassen

Vorbemerkung. Wie erwähnt (S.15), hat man ursprünglich die 32 Klassen abgeleitet durch Abbau der höchsten möglichen Symmetrie. Aus dieser Zeit, die eine verwirrende Fülle von glücklicherweise meist aussterbenden Namen schuf, sind heute noch einige Begriffe in allgemeinerem Gebrauch: Holoedrie bezeichnet die höchstsymmetrische Klasse in jedem Kristallsystem gegenüber den niedrigersymmetrischen, den „Hemiedrien". Unter diesen sind wieder solche, die in der allgemeinsten Form nur mit einem Viertel der Flächen der Holoedrie auftreten, die „Tetartoedrien", einmal auch eine „Ogdoedrie". Vielfach ist das auffallende Kennzeichen einer Hemiedrie, daß bevorzugte Axen an beiden Enden durch verschiedene Flächenkombinationen begrenzt sind: „Hemimorphien". Daß diese Namen teilweise noch gebraucht werden, ist z.T. durch das Herkommen, z.T. sprachlich bedingt, da die korrekten, im folgenden hauptsächlich verwendeten Klassennamen etwas unelegant wirken.

Die letzteren, von Groth eingeführten, enthalten jeweils den Namen des Polyeders allgemeinster Flächenlage bei gegebener Symmetrie. Zu ihrem Verständnis noch wenige Erläuterungen: „Pedion" ist eine durch Symmetrie sich nicht wiederholende Einzelfläche. „Doma" (Dach) ein Flächenpaar, das durch eine Symmetrieebene, „Sphenoid" (= keilähnlich) ein solches, das durch eine zweizählige Axe ausgezeichnet ist, „Pinakoid" eines, das ein Symmetriezentrum besitzt. Gleichwertige, sich in einer Ecke schneidende Flächenkomplexe aus mindestens drei Flächen heißen „Pyramiden"; tritt senkrecht zu ihrer 2-, 3-, 4-, 6-zähligen Axe noch eine Symmetrieebene hinzu, so liegt eine „Bipyramide" (Doppelpyramide) vor. „Prismen" sind aus drei oder mehr Flächen aufgebaut, die einer Kristallaxe parallel laufen; es ist dabei unwesentlich, ob die *a*-, *b*-, *c*-Axe gemeint sind. Falls eine Unterscheidung mehrerer nötig ist, spricht man von „Prismen || der *a*-Axe" usw. an Stelle von früheren Sondernamen. Weitere Einzelheiten der Benennung folgen im Text.

Viele der 32 Symmetrieklassen haben unter natürlichen oder künstlichen Kristallarten nur wenige Vertreter und erscheinen unwesentlich; die Strukturuntersuchung hat aber manche Überraschungen auch bei ganz gemeinen Mineralien geliefert. Alle Klassen genauer zu besprechen, verbietet der Raum; die Tabelle S. 28 enthält aber auch für die ausgelassenen die wesentlichsten Angaben.

Für den Anfänger sind vielfach die Beispiele am einprägsamsten; ihre Angabe ist also unter Voranstellung des bekanntesten etwas gründlicher vorgenommen worden.

Beispiele zu den verschiedenen Klassen (die als Mineralien vorkommenden sind bevorzugt, „traditionelle" Hauptbeispiele gesperrt, künstliche Kristalle in [ ]).

1. Gold, Bleiglanz (PbS), Steinsalz (NaCl), Fluorit (CaF_2), Granat ($Ca_3Al_2Si_3O_{12}$).

2. Diamant (C), Fahlerz (Cu_3SbS_3), Zinkblende (ZnS), Boracit ($Mg_6B_{14}O_{26}Cl_2$), Eulytin ($Bi_4Si_3O_{12}$), Helvin ($Mn_4Be_3Si_3O_{12} \cdot S$).

3. Pyrit (FeS_2), Sperrylith ($PtAs_2$), Alaun ($KAl(SO_4)_2 \cdot 12H_2O$).

4. Salmiak (NH_4Cl), Cuprit (Cu_2O).

5. Ullmannit (NiSbS), [Strontiumnitrat ($Sr(NO_3)_2$)], [Natriumperchlorat ($NaClO_4$)], Langbeinit ($K_2Mg(SO_4)_2$).

6. [Weißes Zinn], Cooperit (Pt, Pd)S, Sellait (MgF_2), Rutil (TiO_2), Zinnstein (SnO_2), Xenotim (YPO_4), Zirkon ($ZrSiO_4$), Vesuvian ($Ca_{10}Mg_2Al_4(OH)_4$) [$(SiO_4)_5 \cdot (Si_2O_7)_2$].

7. [$AgF—H_2O$], Diaboleit ($CuPb_2(OH)_4Cl_2$).

8. Braggit (PtS). Scheelit ($CaWO_4$), Fergusonit ($YNbO_4$), [$AgReO_4$], Skapolithgruppe ($Na_4Al_3Si_9O_{24}Cl$).

9. Maucherit ($Ni_{11}As_8$), Tief-Cristobalit (SiO_2), Phosgenit ($Pb_2Cl_2CO_3$), Nickelsulfat ($NiSO_4 \cdot 6H_2O$), Mellit ($Al_2C_{12}O_{12} \cdot 18H_2O$).

10. Wulfenit ($PbMoO_4$).

11. Kupferkies ($CuFeS_2$), Zinnkies (Cu_2FeSnS_4), [Harnstoff (NH_2CONH_2)].

Nr.	System	Klasse nach Groth	Schoenflies bzw.	Hermann	Symmetrieebenen	Symmetrieaxen	Zentr. d. Sym.	enantiomorph	piezoelektr.
1	Kubisch	Hexakisoktaedrische Klasse	O_h	$m3m$	3+6	3 ■ 4 (▲) 6 ⬮	+	—	—
2	,,	Hexakistetraedrische Klasse	T_d	$\bar{4}3m$	6	3 ⬮ 4 ▲ p	—	—	—
3	,,	Disdodekaedrische Klasse	T_h	$m3$	3	3 ⬮ 4 (▲)	+	—	—
4	,,	Pentagonikositetraedrische Klasse	O	43	—	3 ■ 4 ▲ 6 ⬮	—	+	—
5	,,	Tetartoïdische Klasse	T	23	—	3 ⬮ 4 ▲ p	—	+	—
6	Tetragonal	Ditetragonalbipyramidale Klasse	D_{4h}	$4/mmm$	1+2+2	1 ■ 2+2 ⬮	+	—	—
7	,,	Ditetragonalpyramidale Klasse	C_{4v}	$4mm$	2+2	1 ■ p	—	—	+
8	,,	Tetragonalbipyramidale Klasse	C_{4h}	$4/m$	1	1 ■	+	—	—
9	,,	Tetragonaltrapezoedrische Klasse	D_4	42	—	1 ■ 2+2 ⬮	—	+	—
10	,,	Tetragonalpyramidale Klasse	C_4	4	—	1 ■ p	—	+	+
11	,,	Tetragonalskalenoedrische Klasse	D_{2d} (V_d)	$\bar{4}2\,m$	2	1 ◈ 2 ⬮	—	—	—
12	,,	Tetragonalbisphenoidische Klasse	S_4	$\bar{4}$	—	1 ◈	—	—	+

7 Flächenlagen						
hkl	*hhl*	*hll*	*hk*0	111	110	100
48-Flächner	Pyram.-Oktaeder	Ikositetraeder	Pyram.-Würfel	Oktaeder	Rhombendodekaeder	Würfel
Hexakis-Tetraeder	Deltoiddodekaeder	Pyramidentetraeder	wie 1	Tetraeder	wie 1	wie 1
Disdodekaeder	wie 1	wie 1	Pentagondodekaeder	wie 1	wie 1	wie 1
Pentagonikositetraeder	wie 1	wie 1	wie 1	wie 1	wie 1	wie 1
Tetartoïde	wie 2	wie 2	wie 3	wie 2	wie 1	wie 1

hkl	*hhl*	*h0l*	*hk*0	110	100	001
Ditetrag. Doppelpyramide	Tetrag. Doppelpyram. I	Tetrag. Doppelpyram. II	Ditetrag. Prisma	Tetrag. Prisma I	Tetrag. Prisma II	Tetrag. Basis Pinakoid
Ditetrag. Pyramide	Tetrag. Pyram. I	Tetrag. Pyram. II	wie 6	wie 6	wie 6	Tetrag. Basis-Pedion
Tetrag. Bipyram.	wie 6	wie 6	Tetrag. Prisma III	wie 6	wie 6	wie 6
Tetragonale Trapezoeder	wie 6	wie 6	wie 6	wie 6	wie 6	wie 6
Tetragonale Pyramiden III	wie 7	wie 7	wie 8	wie 6	wie 6	wie 7
Tetragonale Skalenoeder	Tetrag. Bisphen. I	wie 6	wie 6	wie 6	wie 6	wie 6
Tetrag. Bisphenoid III	wie 11	Tetrag. Bisphen. II	wie 8	wie 6	wie 6	wie 6

Nr.	System	Klasse nach Groth	Schoenflies bzw. Hermann		Symmetrieebenen	Symmetrieaxen	Zentr. d. Sym.	enantiomorph	piezoelektr.
13	Hexagonal	Dihexagonal-bipyramidale Klasse	D_{6h}	$6/mmm$	1+3+3	1 ⬢ 3+3 ⬮	+	—	—
14	,,	Dihexagonal-pyramidale Klasse	C_{6v}	$6\,mm$	3+3	1 ⬢ p	—	—	+
15	,,	Hexagonal-bipyramidale Klasse	C_{6h}	$6/m$	1	1 ⬢	+	—	—
16	,,	Hexagonal-trapezoedrische Klasse	D_6	62	—	1 ⬢ 3+3 ⬮	—	+	+
17	,,	Hexagonal-pyramidale Klasse	C_6	6	—	1 ⬢ p	—	+	+
18	„Trigonal“	Ditrigonal-bipyramidale Klasse	D_{3h}	$\bar{6}2\,m$	1+3	1 ▲ 3 ⬮ p	—	—	+
19	,,	Trigonal-bipyramidale Klasse	C_{3h}	$\bar{6}$	1	1 ▲	—	—	+
20	Rhombo-edrisch	(Di)trigonal-skalenoedrische Klasse	D_{3d}	$\bar{3}\,m$	3	1 ⬡ 3 ⬮	+	—	—
21	,,	Ditrigonal-pyramidale Klasse	C_{3v}	$3\,m$	3	1 ▲ p	—	—	+
22	,,	Rhombo-edrische Klasse	C_{3i}	$\bar{3}$	—	⬡	+	—	—
23	,,	Trigonal-trapezoedrische Klasse	D_3	32	—	1 ▲ 3 ⬮ p	—	+	+
24	,,	Trigonal-pyramidale Klasse	C_3	3	—	▲ p	—	+	+

$hikl$	$hh\overline{2h}l$	$h0\bar{h}l$	$hik0$	$11\bar{2}0$	$10\bar{1}0$	0001
Dihexag. Bipyramide	Hexag. Bipyramide II	Hexag. Bipyramide I	Dihexag. Prisma	Hexag. Prisma II	Hexag. Prisma I	Hexag. Basispinakoid
Dihexag. Pyramide	Hexag. Pyramide II	Hexag. Pyramide I	wie 13	wie 13	wie 13	Hexag. Basispedion
Hexag. Bipyramide III	wie 13	wie 13	Hexag. Prisma III	wie 13	wie 13	wie 13
Hexag. Trapezoeder	wie 13	wie 13	wie 13	wie 13	wie 13	wie 13
Hexag. Pyramide III	wie 14	wie 14	wie 15	wie 13	wie 13	wie 14
Ditrigon. Bipyramide	wie 13	Trigon. Bipyramide I	Ditrigon. Prisma	wie 13	Trigon. Prisma I	Trigon. Basispinakoid
Trigonale Bipyramide III	Trigon. Bipyramide II	wie 18	Trigon. Prisma III	Trigon. Prisma II	wie 18	wie 18
Trigonal. Skalenoeder	wie 13	Trig. Rhomboeder	wie 13	wie 13	wie 13	wie 13
Ditrigon. Pyramide	wie 14	Trigon. Pyram. I	wie 18	wie 13	wie 18	Trigon. Basispedion
Trigon. Rhomboeder III	Rhomboeder II	wie 20	wie 15	wie 13	wie 13	wie 13
Trigon. Trapezoeder	wie 19	wie 20	wie 18	wie 19	wie 13	wie 13
Trigon. Pyramide III	Trigon. Pyramide II	wie 21	wie 19	wie 19	Trigon. Prisma I	wie 21

Nr.	System	Klasse nach Groth	Schoenfließ begr. Hermann		Symmetrie-ebenen	Symmetrie-axen	Zentr. d. Sym.	enantio-morph	piezo-elektr.
25	O'-rhombisch	O'-rhombisch-bipyramidale Klasse	D_{2h} (V_2)	*mmm*	1+1+1	1+1 +1 ⬮	+	—	—
26	,,	O'-rhombisch-pyramidale Klasse	C_{2v}	*mm*	1+1	1 ⬮ p	—	—	+
27	,,	O'-rhombisch-bisphenoidale Klasse	D_2 (V)	222	—	1+1 +1 ⬮	—	+	+
28	Monoklin	Monoklin-prismatische Klasse	C_{2h}	2/*m*	1	1 ⬮	+	—	—
29	,,	Monoklin-domatische Klasse	C_s	*m*	1	—	—	—	+
30	,,	Monoklin-sphenoidische Klasse	C_2	2	—	1 ⬮ p	—	+	+
31	Triklin	Triklin-pinakoidale Klasse	C_i	1	—	—	+	—	—
32	,,	Triklin-pediale Klasse	C_1	$\bar{1}$	—	—	—	+	+

12. Schreibersit (Fe_3P), Nagyagit $Pb_5AuTe_4S_{5-8}$, Cahnit ($Ca_2BAsO_6 \cdot 2H_2O$), [$Ca_2Al_2SiO_7$]. [Pentaerythrit ($C(CH_2OH)_4$)].

13. Osmiridium (Os, Ir), Graphit (C), Covellin (CuS), Molybdänglanz (MoS_2), Rotnickelkies (NiAs), Beryll ($Be_3Al_2Si_6O_{18}$).

14. Wurtzit (ZnS), Greenockit (CdS), Eis (H_2O), Rotzinkerz (ZnO), Jodsilber (AgI).

15. Simpsonit ($Al_6Ta_4O_{19}$), Apatit ($Ca_5Cl(PO_4)_3$).

hkl	*hk*0	*h*0*l*	0*kl*	100	010	001
Rhomb. Bipyramiden	Rhomb. Prisma ‖ c	Rhomb. Prisma ‖ b	Rhomb. Prisma ‖ a	Front-Pinakoid	Seitpinakoid	Basis-Pinakoid
Rhomb. Pyramide	wie 25	Doma ‖ b	Doma ‖ a	wie 25	wie 25	Basis-Pedion
Rhomb. Bisphenoid	wie 25	wie 25	wie 25	wie 25	wie 25	wie 25
Prisma allgem. Lage	Prisma ‖ c	Pinakoid ‖ b	Prisma ‖ a	Front-Pinakoid	Seit-Pinakoid	Basis-Pinakoid
Doma allgem. Lage	Doma ‖ c	Pedion ‖ b	Doma ‖ a	Front-Pedion	Seit-Pinakoid	Basis-Pedion
Sphenoid allgem. Lage	Sphenoid ‖ c	wie 28	Sphenoid ‖ a	wie 28	Seit-Pedion	wie 28
Alle Flächen sind die der Schnittlage entsprechenden Pinakoide						
Alle Flächen sind die der Schnittlage entsprechenden Pedien						

16. Hoch-Quarz (SiO_2), Kalsilit ($KAlSiO_4$), [α-$AlPO_4$].
17. Nephelin ($NaAlSiO_4$).
18. Bastnaesit ($CeFCO_3$), Benitoit ($BaTiSi_3O_9$).
19. [Disilberorthophosphat].
20. Wismut, Eisenglanz (Fe_2O_3), Kalkspat ($CaCO_3$), Alunit ($KAl_3[(OH)_6(SO_4)_2]$), Brucit $Mg(OH)_2$.
21. Millerit (NiS), Pyrargyrit (Ag_3SbS_3). Turmalin ($NaMg_3Al_6[(OH)_6(BO_3)_2Si_6O_{18}]$), Carborund ($CSi$) z.T.
22. Ilmenit ($FeTiO_3$), Dolomit ($CaMgC_2O_6$), ($Cu_3Si_3O_9 \cdot 3H_2O$), Phenakit (Be_2SiO_4).

23. Selen, Tellur, Zinnober (HgS), Quarz unter 573° (SiO_2), Berlinit ($AlPO_4$).
24. Gratonit ($Pb_9As_4S_{15}$), [Natriumperjodat, $NaIO_4 \cdot 3H_2O$].

25. Schwefel, Markasit (FeS_2), Antimonit (Sb_2S_3), Aragonit ($CaCO_3$), Baryt ($BaSO_4$), Olivin (Mg_2SiO_4) Topas ($Al_2SiO_4(OH)_2$).
26. Dyskrasit (Ag_3Sb), Stephanit (Ag_5SbS_4), Struvit (NH_4MgPO_4), Bertrandit ($Be_4(OH)_4Si_2O_7$), Kieselzinkerz ($Zn_4[(OH)_2Si_2O_7] \cdot H_2O$), Prehnit ($Ca_2H_2Al_2(SiO_4)_3$).
27. Chalkomenit ($CuSeO_3 \cdot 2H_2O$), Bittersalz $MgSO_4 \cdot 7H_2O$, Austinit $CaZn(OH)AsO_4$).

28. Schwefel zwischen 95°—119°, Plagionit ($Pb_5Sb_8S_{17}$), Tenorit (CuO), Gips ($CaSO_4 \cdot 2H_2O$), Titanit ($CaTi[O||SiO_4]$), Diopsid ($CaMgSi_2O_6$), Orthoklas ($KAlSi_3O_8$), Tremolit ($Ca_2Mg_5Si_8O_{22}(OH)_2$).
29. Hilgardit ($Ca_8(B_6O_{11})_3Cl_4 \cdot 4H_2O$), Klinoedrit ($Ca_2Zn_2[(OH)_2||Si_2O_7] \cdot H_2O$), Kaolinit ($Al_4[(OH)_8|Si_4O_{10}]$).
30. [Milchzucker], [Rohrzucker], [Weinsäure], ? Hessit (Ag_2Te).

31. Chalkanthit ($CuSO_4 \cdot 5H_2O$), Disthen $Al_2O[SiO_4]$, Plagioklase $NaAlSi_3O_8$—$CaAl_2Si_2O_8$.
32. Parahilgardit ($Ca_8(B_6O_{11})_3 \cdot Cl_4 \cdot 4H_2O$), ?? Axinit.

Beschreibung der Kristallformen und Symmetrieklassen

Die Einbeschreibung sämtlicher Symmetrieklassen mit Ableitung aller Formen und deren Eigenschaften ist heute nicht mehr mit der Ausführlichkeit notwendig, wie es in den früheren Auflagen dieses Büchleins geschah. Man benutze nötigenfalls die Tabellen S. 28, die nach Lektüre dieses Abschnitts verständlich sein werden, oder ein umfangreiches Lehrbuch. Wir beschränken uns hier auf die höchstsymmetrischen Klassen der Systeme und wenige andere.

I. Das kubische (reguläre) System (Abb. 21)

umfaßt 5 Symmetrieklassen, deren xx sich auf das kubische Axenkreuz, drei aufeinander senkrechte, gleichwertige Axen beziehen lassen (Abb. 22). Eine der Axen wird senkrecht, eine horizontal quer, eine horizontal auf den Beschauer zu gestellt.

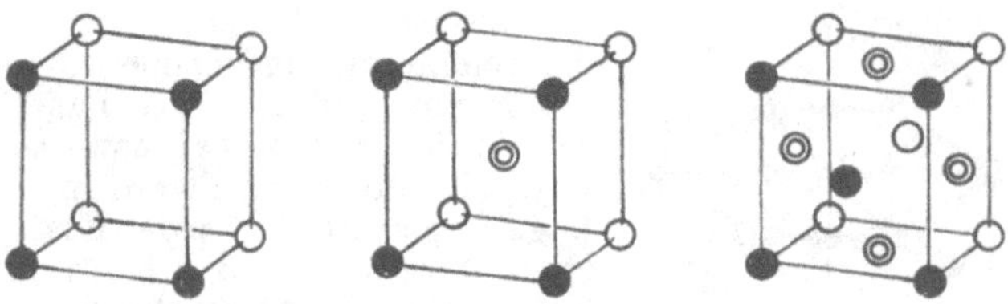

Abb. 21

1. Hexakisoktaedrische Klasse ($O_h = m3m$) = „kubische Holoedrie". Symmetrieelemente (Sym. El.): Zentrum d. Symm. vorhanden; Symmetrieaxen (S.A.): 3 vierzählige, die mit den kristallographischen Axen zusammenfallen, 4 dreizählige (▲), aus den dreiseitigen Ecken des Axenkreuzes ausstrahlend, 6 zweizählige, die Winkel zweier Krist.-Axen halbierend.

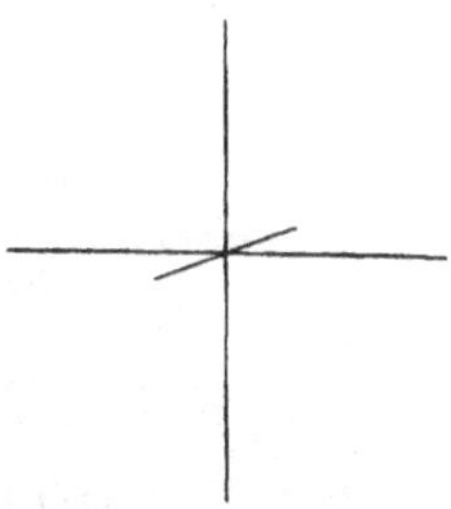

Abb. 22

Symmetrieebenen (S.E.): 3 S.E., die mit den Axenebenen zusammenfallen und damit senkrecht auf den 4-zähligen Axen stehen, 6 S.E., die jeweils den Winkel der eben genannten halbieren.

Ein übersichtliches Bild der Symmetrieeigenschaften gibt die stereographische Projektion, Abb. 23. Ausgezogene Großkreise sind S.E., die S.E. sind in üblicher Weise bezeichnet, dabei erscheinen die auf dem Grundkreis liegenden Zeichen aber zweimal.

In allen 32 Sym.-Klassen sind 7 grundsätzlich verschiedene Flächenlagen möglich („einfache Formen"). Davon besitzen 3 („invariable Formen") gar keinen, 3 einen, 1 zwei Freiheitsgrade.

Im kubischen System ist die Lage dieser einfachen Formen in Abb. 23 durch 1—7 gekennzeichnet (analog in den Abb. 36, 56, 70, 76 für einige andere Systeme). Die in der Zeichnung angegebenen Sym. El. zeigen, daß sich die Lage 7 48 mal findet, 6 24 mal usw. Die Lage 7 ist die „Form allgemeinster Lage"; sie ist für jede Klasse charakteristisch und z.B. in der Klasse O_h ein 48-Flächner, ein „Hexakisoktaeder", wonach, wie überall, Groth der Symmetrieklasse den Namen gegeben hat.

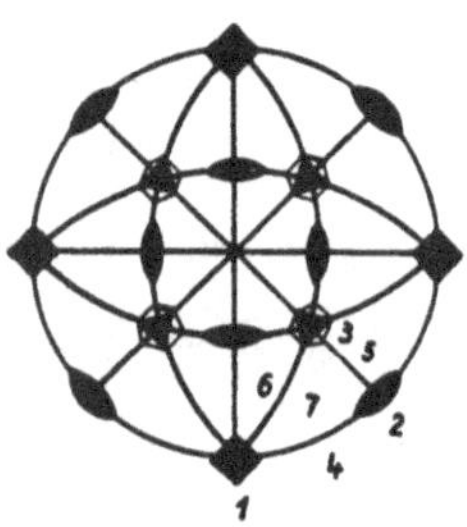

Abb. 23

Die einfachen Formen der hex'oktaedrischen Klasse sind:

1. Der Würfel (Abb. 24), auch Hexaeder. In der Form bekannt, mit 6 quadratförmigen Flächen, 8 Ecken, 12 Kanten. Die Würfelfläche schneidet eine krist. Axe und ist den anderen parallel, also ohne Freiheitsgrad. Für die Fläche vorn ergibt sich das Symbol nach Weiß $a : \infty a : \infty a$ oder nach Miller (100); für die übrigen (010), (001), ($\bar{1}00$), ($0\bar{1}0$), ($00\bar{1}$) oder für die Gesamtheit {100}.

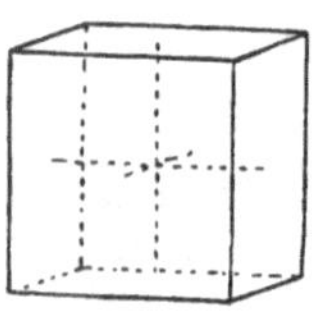
Abb. 24

2. Das Rhombendodekaeder (Abb. 25) hat 12 Flächen, die Rhomben mit dem Verhältnis der Diagonalen $1 : \sqrt{2}$ sind. Je 6 Flächen liegen immer in einer Zone. Man

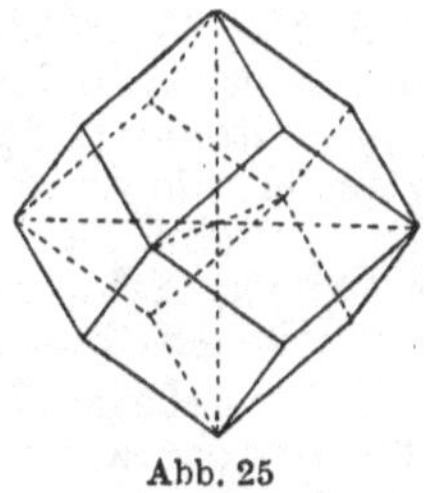
Abb. 25

beachte, daß 4- und 3-flächige Ecken vorliegen. Zwei benachbarte Flächen bilden Winkel von 120°, 2 über die spitze Ecke benachbarte 90°. Jede Fläche schneidet 2 Axen in gleicher Entfernung und geht der dritten parallel (kein Freiheitsgrad). Das Symbol ist also $a : a : \infty a$ bzw. (110) und wieder zyklisch vertauscht, allgemein {110}.

3. Das Oktaeder (Abb. 26), 8 Flächen, gleichseitige Dreiecke, bilden Flächenwinkel von 109° 28′. Auf den Flächen stehen die dreizähligen Axen senkrecht. Da die krist. Axen in gleichem Abstand geschnitten werden, ist die Form ebenfalls invariabel. Symbol $a : a : a$ bzw. (111), allgemein {111}.

4. Das Tetrakishexaeder, auch Pyramidenwürfel, ist in seiner Form in Abb. 27 ersichtlich. Die Form kann (Abb. 17) im Verhältnis der Abschnitte von Axe 1 zu Axe 2 variieren, z. B. $a : 2a$, $a : 3a$, $3a : 4a$. Der dritte Abschnitt ist invariabel ∞. Symbol $a : ma : \infty a$ bzw. $(hk0)$. Gewöhnliche Formen sind {210}, {310}.

5. Das Trisoktaeder, auch Pyramidenoktaeder (Abb. 28), hat 24 Flächen. Jede Fläche schneidet alle drei Axen. Zwei Abschnitte sind klein, einer groß. Das Symbol ist $a : a : ma$ bzw., wenn $h > l$ gewählt wird (hhl). Grenzformen sind das Rhombendodekaeder ($l = 0$) und das Oktaeder ($h = l$). Häufig sind {221} und {332}.

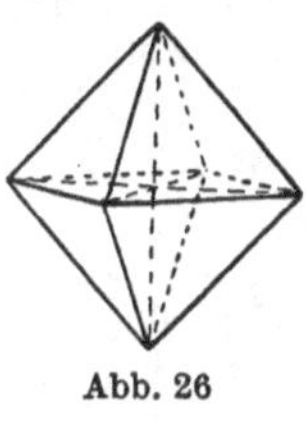
Abb. 26

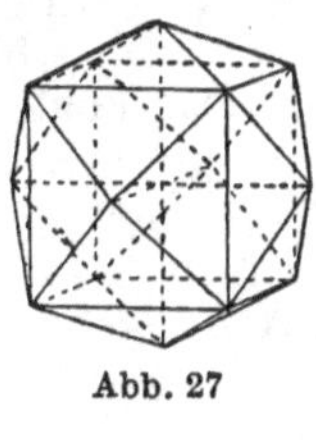
Abb. 27

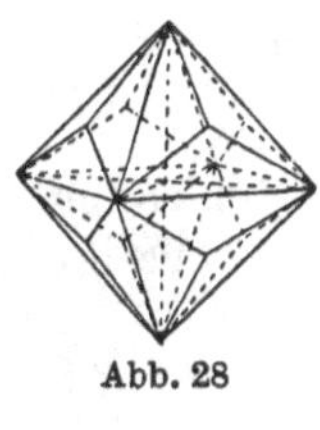
Abb. 28

6. Das Ikositetraeder, vollständiger Deltoidikositetraeder, auch Leucitoeder, hat ebenfalls 24 Flächen, die Deltoide bilden (Abb. 29). Zwei Axen werden in gleicher, die dritte in kleinerem Abschnitt geschnitten. Das Symbol ist $ma : ma : a$ bzw. (hll), wenn wieder $h > l$ ist. Sehr häufig ist {211}, das Leucitoeder im eigentlichen Sinn.

7. Das Hexakisoktaeder, auch 48-Flächner (Abb. 30), besteht aus ungleichseitigen Dreiecken. Die Axenabschnitte sind ungleich, einer kann als Einheit gewählt werden. Das Symbol ist $a : ma : na$, also 2 Freiheitsgrade, bzw. $\{hkl\}$. Verbreitet ist {321}.

Kombinationen sind häufig und z. B. bei Bleiglanz flächenreich. Flächen mit niedrigen Indices sind natürlich besonders häufig. Abb. 13, 14, 15 zeigen jedesmal Würfel und Oktaeder, aber in verschiedener Größe. Das Symbol der herrschenden Form schreibt man zuerst. Abb. 31 und 32 Oktaeder bzw. Würfel und Rhombendodekaeder. In beiden Fällen werden die Kanten durch das letztere „abgestumpft". Abb. 33 {111} mit $\{hhl\}$, wo das Trisoktaeder die Oktaederkanten „zuschärft". Die Abb. 34 und 35 geben die flächenreicheren Kombinationen {111}, {100}, {110} bzw. {100}, {111}, {110}, {221}, {554}.

2. Hexakistetraedrische Klasse ($T_d = \bar{4}3\,m$) = tetraedrische Hemiedrie. Sym. El.: Z fehlt. S.A. 3 ◆; 4 ▲, sie liegen wie bei Klasse 1, sind aber polar. S.E. 6, die Winkel der krist. Axen halbierend.

Die einfachen Formen sind hier (Abb. 36): 1. Würfel, 2. Rhombendodekaeder, 4. Pyramidenwürfel, alle drei geometrisch von den entsprechenden Formen der Klasse 1 unterschieden. Das Fehlen der 4-zähligen S.A. bedingt aber, daß Ätzfiguren oder Flächenstreifung nur 2-zählig symmetrisch sind.

3. Die Tetraeder, Abb. 37 und 38. 4 gleichseitige Dreiecke. Die krist. Axen gehen durch die Kantenmitten. Die Axenabschnitte sind $a : a : a$; bei der

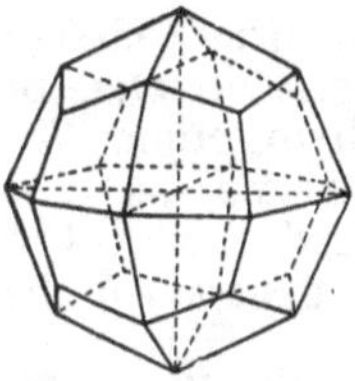

Abb. 29

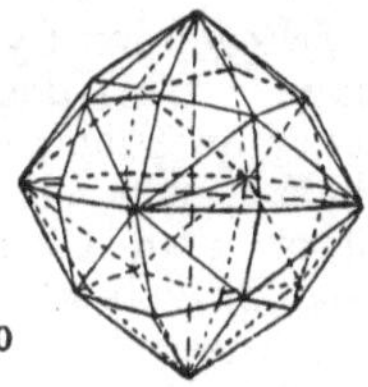

Abb. 30

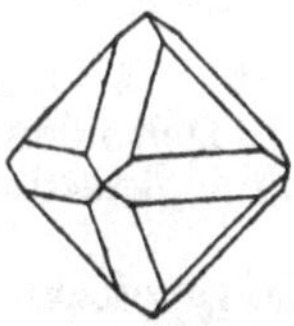

Abb. 31

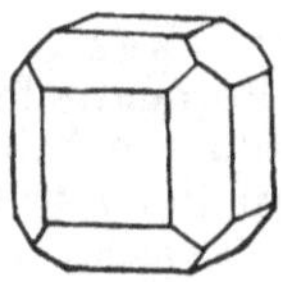

Abb. 32

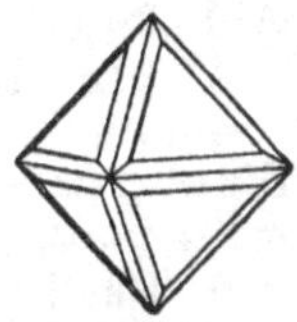

Abb. 33

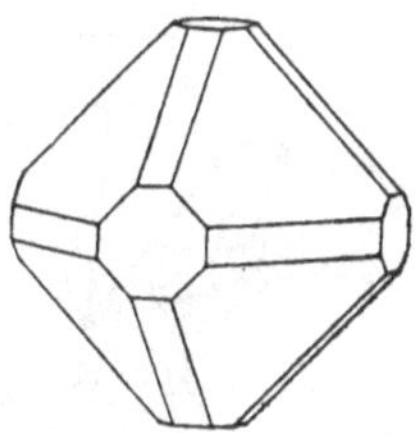

Abb. 34

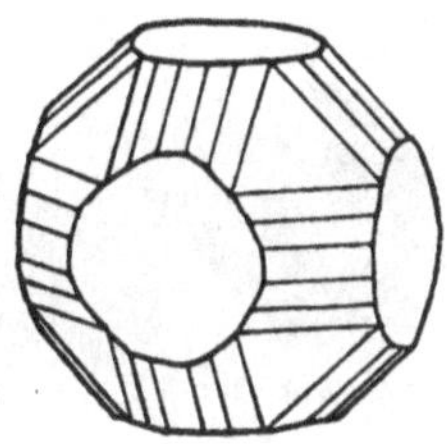

Abb. 35

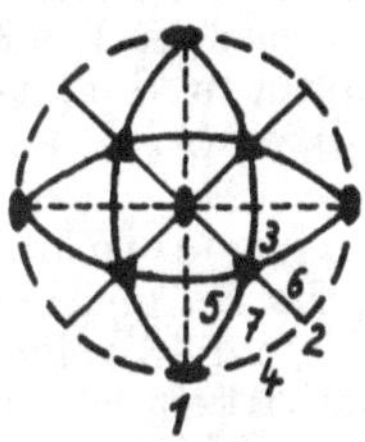

Abb. 36

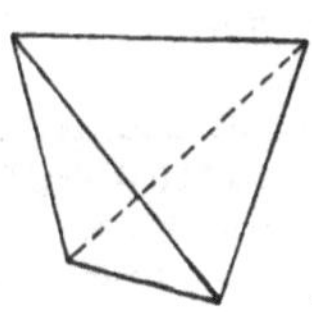

Abb. 37

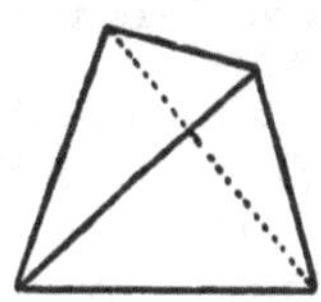

Abb. 38

vorliegenden Symmetrie gibt es aber für diese Flächenlage zwei Kongruente, nur stellungsverschiedene, oft aber in Flächenbeschaffenheit oder chemischem Verhalten sehr verschiedene Körper, von denen der eine, über dem Oktanten „vorn oben rechts" usw. $\{111\}$ als „positives", der andere $\{1\bar{1}1\}$ als „negatives" bezeichnet wird.

Die Beziehungen beider „Korrelater" Tetraeder zueinander und zum Oktaeder der Klasse 1 sind in Abb. 39 erkennbar.

5. Das Deltoiddodekaeder (Abb. 40), 2 nur stellungsverschiedene Formen gebildet aus 12 Deltoiden; die Axenabschnitte sind wie beim Pyramidenoktaeder $a : a : ma$, die Indices $\{hhl\}$ bzw. $\{h\bar{h}l\}$.

6. Das Tristetraeder (Abb. 41), 2 stellungsverschiedene Formen gebildet von 12 Dreiecken. Die Axenabschnitte sind, wie beim Ikositetraeder, $a : ma : ma$, die Indices $\{hll\}$ bzw. $\{h\bar{l}l\}$.

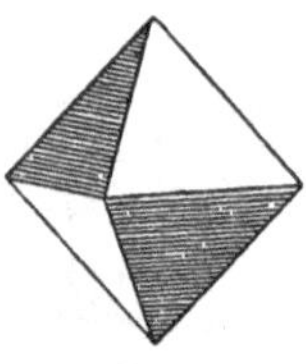

Abb. 39

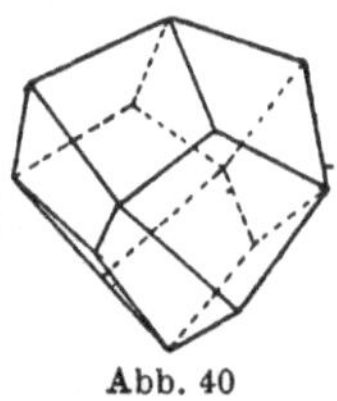

Abb. 40

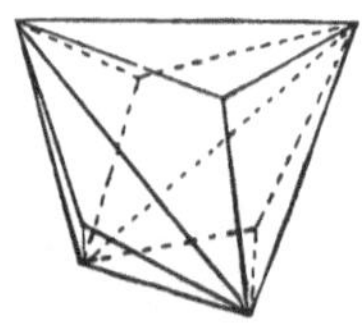

Abb. 41

7. Das Hexakistetraeder (Abb. 42). Die 2 Formen sind gebildet aus je 24 ungleichseitigen Dreiecken. Die 3-zähligen Ecken sind abwechselnd stumpf und spitz. Die Axenabschnitte sind $a : ma : na$, bzw. $\{hkl\}$ und $\{h\bar{k}l\}$.

Kombinationen. Es können ganz allgemein nur Formen in Kombination auftreten, die der gleichen Symmetrieklasse angehören. Abb. 39 und 43 zeigen beide Tetraeder, die verschiedene Anätzbarkeit ist bei 39 durch Schraffur angedeutet. Abb. 44 $\{111\}$, $\{100\}$, ebenso 45. Abb. 46 {111}, {110}, Abb. 47 {111}, {211}, — alles bei Fahlerz häufige Kombinationen.

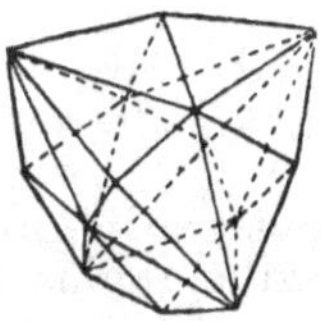

Abb. 42

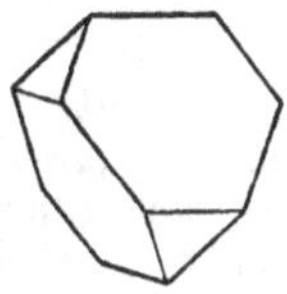

Abb. 43

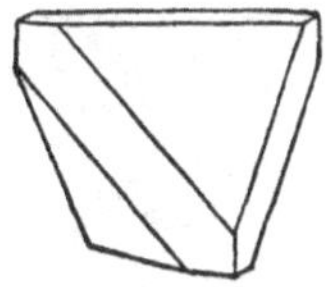

Abb. 44

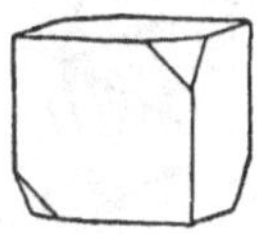

Abb. 45

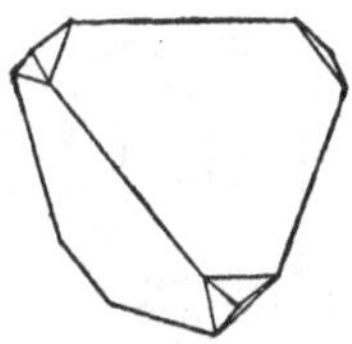

Abb. 46

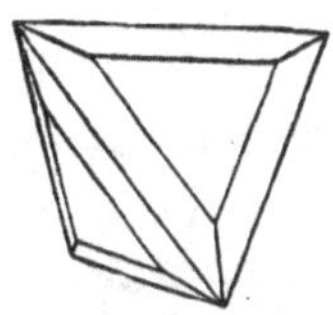

Abb. 47

3. Disdodekaedrische Klasse (T_h = m3). Pentagonale Hemiedrie. Sym. El.: Z vorhanden; S.A. 3 ⬮, 4 ◭, S.E. 3 // den Würfelflächen.

Die Flächenlagen 1. Würfel, 2. Rhombendodekaeder, 3. Oktaeder, 5. Trisoktaeder, 6. Ikositetraeder gleichen denen der Klasse O_h; oft aber ist trotzdem durch Streifung usw. die wahre Sym. erkennbar, besonders (Abb. 53) bei Würfeln des Pyrits. Die Lage 4 $\{hk0\}$ liefert dagegen 2 nur stellungsverschiedene Pentagondodekaeder (Abb. 48) (oder Pyritoeder), gebildet aus 12 Fünfecken, die 4 gleiche und eine abweichende Seite haben, also nicht 5 gleiche wie im Pentagondodekaeder der Stereometrie. Die Bezeichnung ist $\{hk0\}$ bzw. $\{h0l\}$. 7 ergibt

Abb. 53

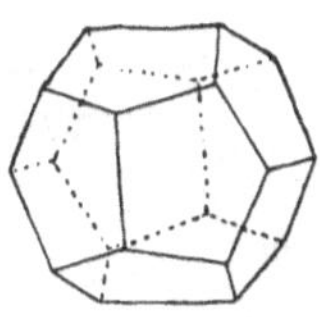

Abb. 48

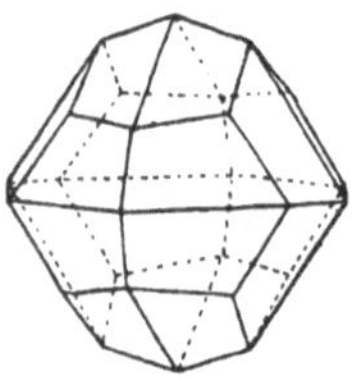

Abb. 49

2 Disdodekaeder aufgebaut aus 24 ungleichseitigen Trapezen (Abb. 49), das Symbol $\{hkl\}$ und $\{hlk\}$. Die Abb. 50, 51, 52 stellen Kombinationen dar; bei ihnen ist in 52 $\{111\}$ und $\{210\}$ im Gleichgewicht. Die Form ähnelt dem Ikosaeder („20-Flächner") der Stereometrie, der aber aus g l e i c h s e i t i g e n Dreiecken gebildet kristallographisch wegen irrationaler Axenabschnitte unmöglich ist.

Abb. 50

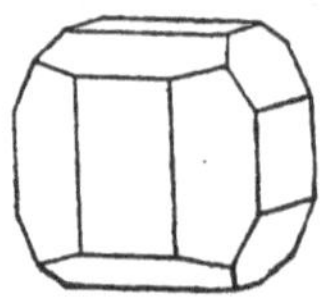

Abb. 51

Abb. 52

II. Das tetragonale (quadratische) System (Abb. 54) umfaßt 7 Sym.-Klassen, deren Formen sich beziehen lassen auf ein Axenkreuz von 3 aufeinander senkrechten Axen, von denen 2 gleich sind (a, auch „Nebenaxen") und die dritte abweichende größere oder kleinere Länge hat (c). Die letzte („Hauptaxe") wird senkrecht gestellt (Abb. 55). Die Winkelhalbierenden zwischen den a-Axen werden auch als Zwischenaxen (Z) bezeichnet. Das

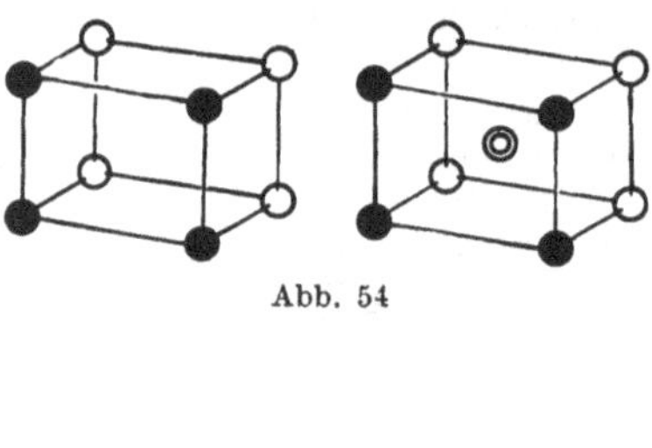

Abb. 54

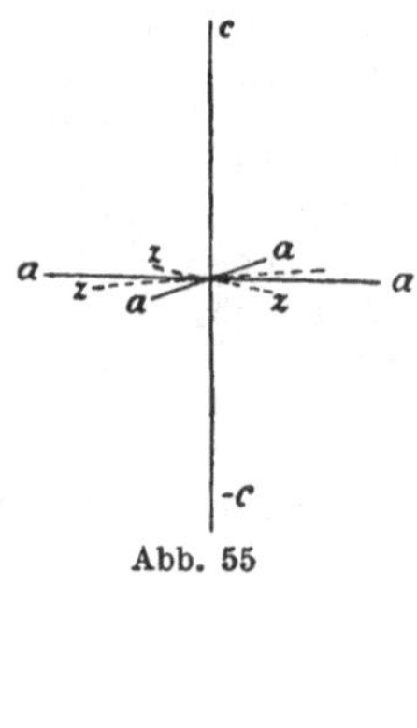

Abb. 55

Längenverhältnis von $a : c$ ist für die verschiedenen Substanzen verschieden und, falls a als Einheit gewählt wird, irrational. Das „Axenverhältnis“ für Rutil (TiO_2) z. B. ist $a : c = 1 : 0{,}6442\ldots$ (auch $c/a = 0{,}6442$ geschrieben), für Kalomel (HgCl) $c/a = 1{,}7356\ldots$

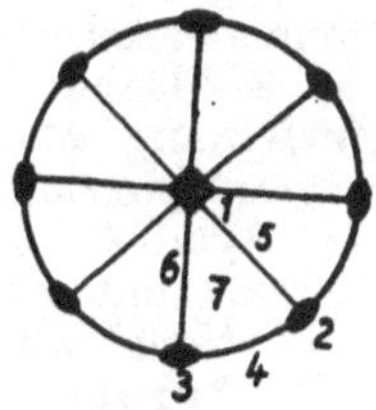

Abb. 56

6. Ditetragonal-bipyramidale Klasse (D_{4h} = 4/mmm) „Tetragonale Holoedrie“.
Sym. El.: Z vorhanden, S.A. 1 ■, entspr. der krist. Hauptaxe, und 2 + 2 ⬮, entspricht den a-Axen und den Zwischenaxen. S.E. 1 horizontal, 2 + 2 senkrecht (Abb. 56).

Die 7 einfachen Formen sind: 1. Das basische Pinakoid, schlechthin Basis, ein Flächenpaar // der Ebene der a-Axen. Die Form ist erstmalig (später immer mehr!) nicht in sich geschlossen und läßt den Raum nach den Seiten offen. Sie kann daher nur in Kombinationen auftreten, z. B. Abb. 57, 58, 59. Das Symbol ist $\infty a : \infty a : c$, bzw. {001}. 2. Das Prisma I. Stellung (Abb. 57) schneidet die a-Axen in der Einheit und geht c parallel (bei richtiger Stellung also Kante vorn!). Das Symbol $a : a : \infty c$, bzw. {110}. 3. Das Prisma II. Stellung (Abb. 58) ist ähnlich, aber da der Abschnitt auf einer a-Axe unendlich ist, ist eine Fläche vorn. $a : \infty a : \infty c$, {100}. Welches Prisma als I. bzw. II. Stellung gewählt wird,

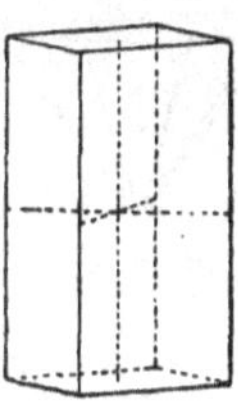
Abb. 57

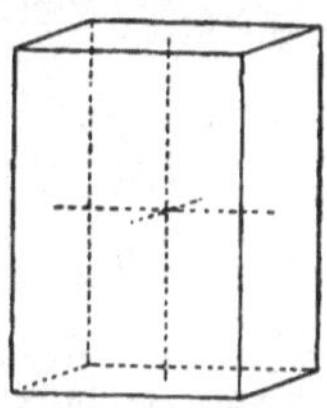
Abb. 58

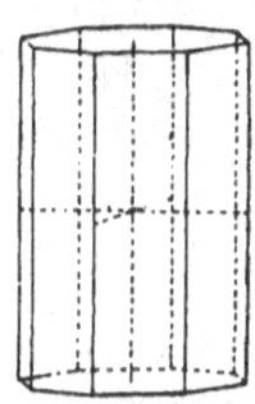
Abb. 59

ist an sich zunächst gleichgültig und konventionell. Die Prismen sind aber *durchaus* verschieden, was z. B. aus dem Ätzverhalten hervorgeht. Nach Erkennung der Struktur wird man sich eindeutig für eine Aufstellung entscheiden können. — 1, 2, 3 haben keinen Freiheitsgrad. 4. Das *ditetragonale Prisma* (Abb. 59) hat 8 Flächen, die die Nebenaxen in verschiedener Entfernung schneiden. Der Querschnitt ist ein „Ditetragon", ein Achteck mit abwechselnd gleichen Winkeln. Das Symbol ist $a : ma : \infty c$, $\{hk0\}$. Ein regelmäßiges Achteck mit gleichen Winkeln ist ausgeschlossen, da m irrational würde. Alle Prismen sind offene Formen. 5. Die *Pyramide I. Stellung* (Abb. 60) ist eine Doppelpyramide[1]), begrenzt von 8 gleichschenkligen Dreiecken. Sie bilden 4 „Mittelkanten" und 8 „Polkanten". Das Symbol ist $a : a : mc$ bzw. (hhl). Der Wert m kann $>$ und < 1, dem Wert bei der „Einheitspyramide" sein; im ersten Fall liegt eine „steilere", im zweiten eine „flachere" vor. 6. Die *Pyramide II. Stellung* (Abb. 61) ist ebenfalls eine Bipyramide, die sich nur in der gewählten Stellung (analog Prisma II. St.) von derjenigen I. St. unterscheidet: $a \infty a : mc$ bzw. $\{h0l\}$. 7. Die *ditetragonale Bipyramide* (Abb. 62) besteht aus 16

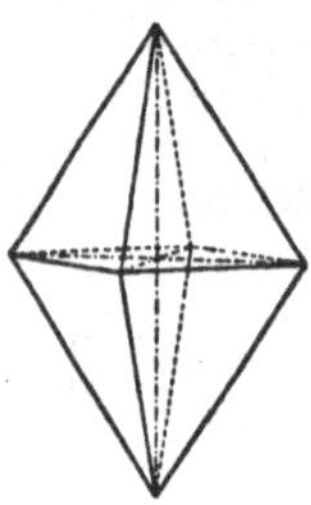
Abb. 60

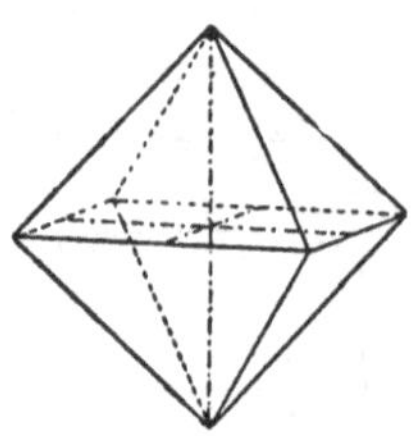
Abb. 61

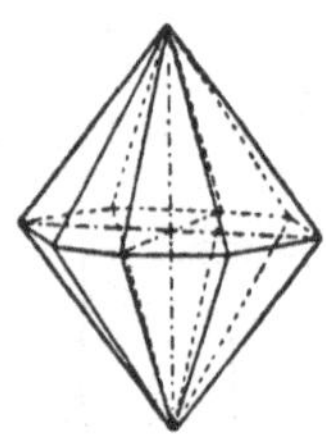
Abb. 62

[1]) Oder „Bipyramide". Man sollte stets oben *und* unten ausgebildete Pyramiden als Bipyramiden bezeichnen, nur oben *oder* unten vorhandene als Pyramiden schlechthin, was aber häufig nicht streng beachtet wird.

Flächen, die alle drei Axen in verschiedenen Abschnitten treffen. Symbol $a : ma : nc$ bzw. $\{hkl\}$. Die Pyramiden sind „geschlossene Formen“, d.h. allseitig begrenzt.

Kombinationen. Abb. 63 Prisma und Pyramide gleicher, in der gewählten Lage I. Stellung: $\{110\}$ $\{hhl\}$, Abb. 64 Pyramide I. und Prisma II. Stellung: $\{hhl\}$, $\{100\}$. Abb. 65 $\{110\}$, $\{111\}$, $\{201\}$.

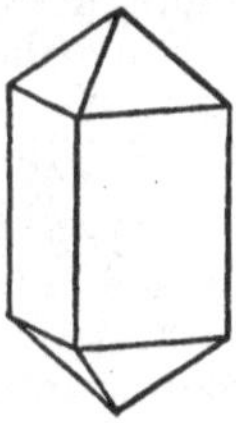
Abb. 63

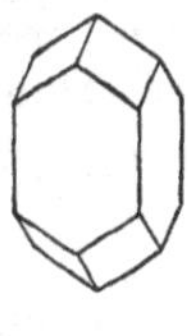
Abb. 64

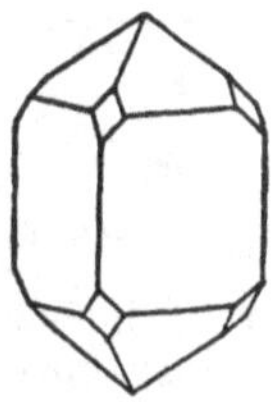
Abb. 65

III. Das hexagonale System (Abb. 66a, b) umfaßt die Symmetrieklassen, die sich (Abb 67) beziehen lassen auf ein Axenkreuz aus 4 Axen, wovon 3 in einer Ebene (gewählt als Horizontalebene) liegen und sich unter 120° schneiden („Nebenaxen“). Die Hauptaxe c hat abweichenden Wert und steht senkrecht darauf. Die zu wählende Aufstellung ist aus Abb. 67 und 68 erkennbar. Die Nebenaxen werden,. wie letztere zeigt, mit a_1, a_2, a_3 bezeichnet (Vorzeichen)!

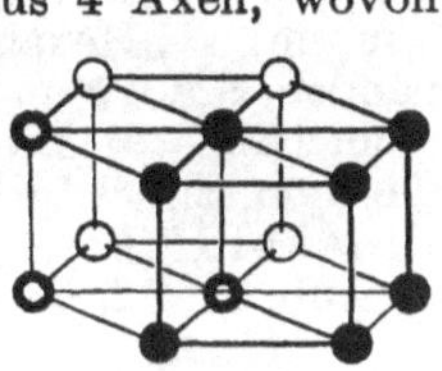
Abb. 66a

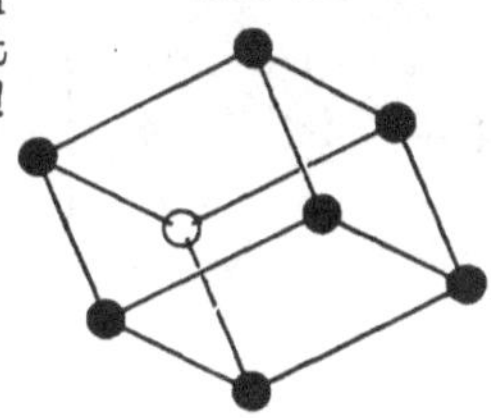
Abb. 66b

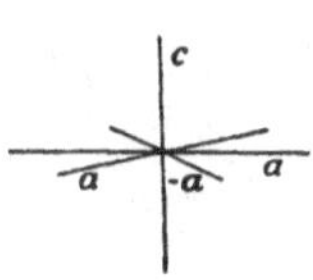

Abb. 67

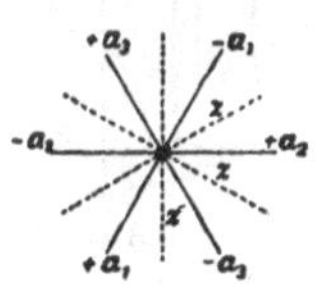

Abb. 68

und auf sie die Parameter bezogen. Natürlich würde die Angabe der Abschnitte auf der Hauptaxe und 2 Nebenaxen zur Bestimmung einer Fläche eindeutig ausreichen. Gewöhnlich werden aber alle 4 Axenabschnitte angegeben. Man schreibt $sa:xa:a:mc$ bzw. $\{hkil\}$. Bei der gewählten Anordnung (Abb. 68) muß ein a-Axen-Symbol immer ein anderes Vorzeichen haben als die beiden anderen. Bei den Weißschen Symbolen besteht die Beziehung (Abb. 69) $x = \frac{s}{s-1}$, bei Miller-Bravais[1]) $h + k + i = 0$, wo z.B. bei h und k positiv, i negativ sein muß.

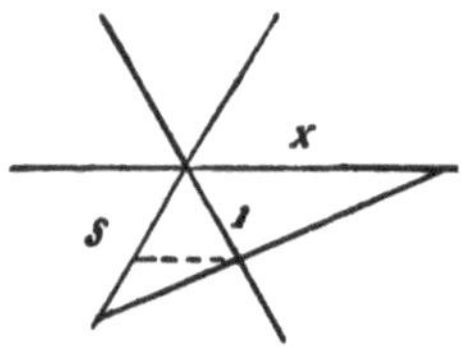

Abb. 69

Das hexagonale System enthält 12 Symmetrieklassen, die verschieden gruppiert werden. 5 davon sind als hexagonal im engeren Sinn zu bezeichnen, 5 als rhomboedrisch, während 2 (D_{3h} und C_{3h}) eine Zwischenstellung einnehmen.

13. Dihexagonal-bipyramidale Klasse (D_{6h} = 6/mmm) = „Hexagonale Holoedrie". Sym. El.: Z vorhanden, S.A. 1⬢ und 3+3⬮. S.E. 1 horizontal, 3+3 senkrecht (Abb. 70). Die 7 einfachen Formen sind ebenso wie die Sym. El. weitgehend analog Kl. 6: 1. Das basische Pinakoid (Basis), $\infty a : \infty a : \infty a : c$ bzw. (0001); in Abb. 71, 72, 73 schließt die Basis die Prismen oben

Abb. 70

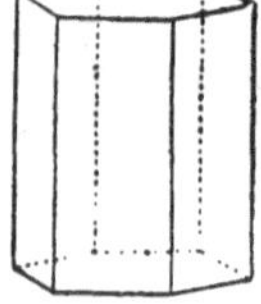
Abb. 71

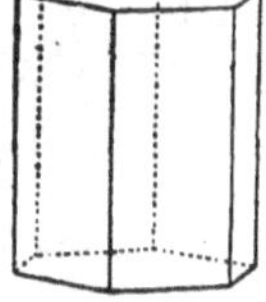
Abb. 72

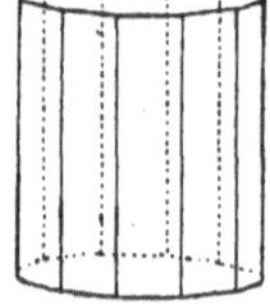
Abb. 73

[1]) Miller selbst wandte hier eine abweichende Bezeichnung an, s. S. 23.

und unten ab. 2. Prisma I. Stell. (Abb. 71), 6 der Hauptaxe parallele Flächen; die Nebenaxen gehen durch die Kanten, als eine Fläche ist vorn; $a : \infty a : -a : \infty c$, bzw. $\{10\bar{1}0\}$. 3. Prisma II. Stell., in der Form ganz gleich 2, die Nebenaxen sind aber jetzt senkrecht zu den Flächen, also Kante vorn. Symbol $a : a : -\frac{1}{2}a : \infty c$ bzw. $\{11\bar{2}0\}$ (Abb. 71). 4. Dihexagonales Prisma (Abb. 73) hat 12 der Hauptaxe parallele Flächen, die sich unter abwechselnden Winkeln schneiden. Der Querschnitt ist ein „Dihexagon". Symbol: $sa : \frac{s}{s-1} a : -a : \infty c$ bzw. $\{hki0\}$, wo $i > h > k$. 5. Pyramide I. Stell. (Abb. 74). 2 Pol-, 6 Mittelecken; eine horizontale Kante vorn. Symbol: $a : \infty a : -a : mc$ bzw. $\{h0\bar{h}l\}$ und für die „Grundpyramide" $\{10\bar{1}1\}$. 6. Pyramide II. Stell., analog 5, aber um 30° gedreht, also Ecke vorn. $a : a : -\frac{1}{2}a : mc$ bzw. $\{hh\overline{2h}l\}$. 7. Dihexagonale Bipyramide (Abb. 75). Der Horizontalschnitt ist ein Dihexagon. Alle Axen werden in verschiedener Entfernung geschnitten: $sa : \frac{s}{s-1} a : -a : mc$, bzw. $\{hkil\}$.

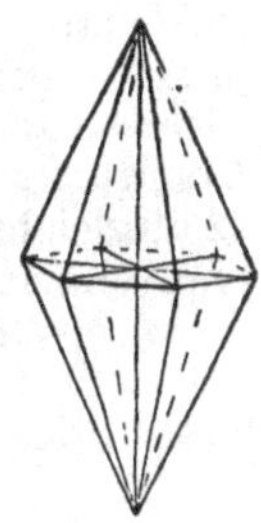

Abb. 74

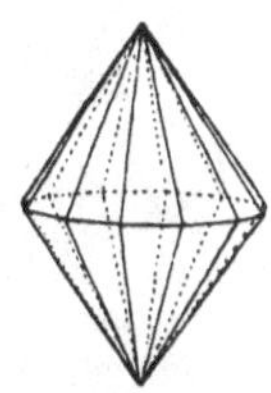

Abb. 75

IV. Trigonale Abteilung (Klassen 20—24)

Diese Abteilung hat eine besondere Bedeutung, weil ihre sehr zahlreichen Vertreter strukturmäßig oft als wenig deformierte Würfelgitter aufzufassen sind.

20. Trigonal-skalenoedrische Klasse ($D_{3d} = \bar{3}m$) = „Rhomboedrische Hemiedrie". Sym. El.: Z vorhanden, 1 ⬡ parallel der hexagonalen Hauptaxe, 3 ❙ parallel den Nebenaxen. 3 S.E. parallel den Flächen $\{11\bar{2}0\}$ (Abb. 76). — Von den 7 einfachen Formen sind: 1. Basis, 2. und 3. Prismen I. und II. Stell., 4. dihexagonales

Prisma und 6. Pyramide II. St. geometrisch denen der Klasse D_{6h} gleich. Die Flächenlage $\{h0\bar{h}l\}$ liefert 2 nur stellungsverschiedene Rhomboeder, von denen $\{h0\bar{h}l\}$ häufig positives, $\{0h\bar{h}l\}$ negatives genannt wird (Abb. 77a, b). Das Rhomboeder ist aus 6 Rhomben aufgebaut, 3 + 3 Pol-, 6 Randkanten. Die Flächenlage $\{hkil\}$ ergibt zwei nur stellungsverschiedene trigonale Skalenoeder (vgl. Abb. 79 in der früheren abbauenden Ableitungsmethode und Abb. 78). Sie bestehen aus 12 ungleichseitigen Dreiecken mit abwechselnd stumpfen und scharfen Polkanten und 6 Mittelkanten, die wie bei Rhomboedern liegen.

Das rhomboedrische Axenkreuz benutzt die Polkanten des Grundrhomboeders $\{10\bar{1}1\}$. Sie werden als a

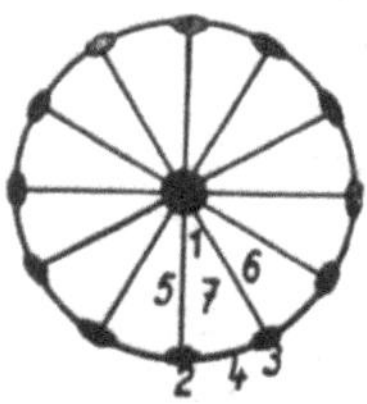

Abb. 76

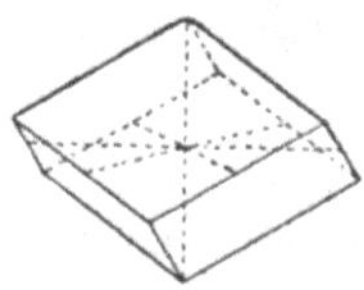
Abb. 77a

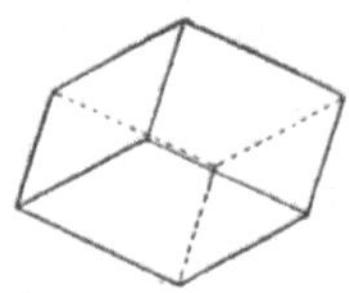
Abb. 77b

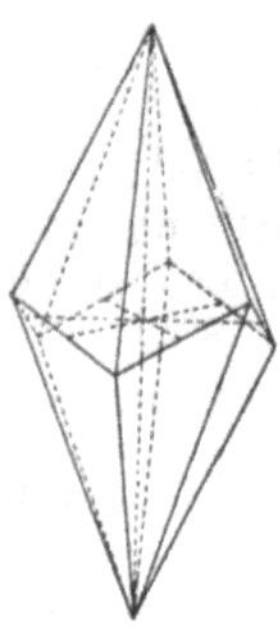
Abb. 78

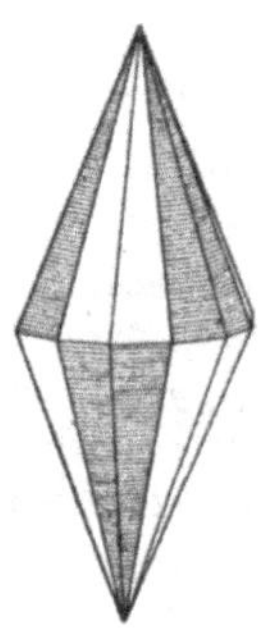
Abb. 79

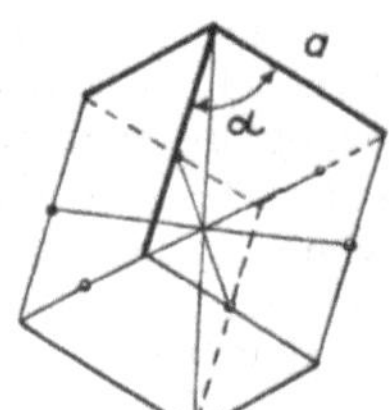

Abb. 80

bezeichnet, der eingeschlossene, von 90° abweichende, Winkel als α (Abb. 80). Die Miller'schen Symbole werden damit wieder dreigliedrig, $\{10\bar{1}1\}$ wird $\{100\}$, $\{0001\}$ zu $\{111\}$ usw. Dieses Axenkreuz und die dreigliedrigen Symbole werden häufig bei Angabe der Gitterkonstanten von xx der Klassen 20—24 angewendet.

Die Klasse D_{3d} ist ungemein verbreitet; einige Vertreter, z.B. Kalkspat, Eisenglanz u. a., zeigen sehr flächenreiche Kombinationen. Abb. 81 führt z.B. das Grund-(= Spaltungs-)rhomboeder von Kalkspat $\{10\bar{1}1\}$ mit dem „gerade abstumpfenden" $\{01\bar{1}2\}$ und dem „nächststeileren" $\{0\bar{2}21\}$, Abb. 82 $\{10\bar{1}0\}$ mit $\{01\bar{1}2\}$, Abb. 83 das gewöhnlichste Skalenoeder („Sauzähne", „dog teeth") $\{21\bar{3}1\}$ mit $\{10\bar{1}1\}$.

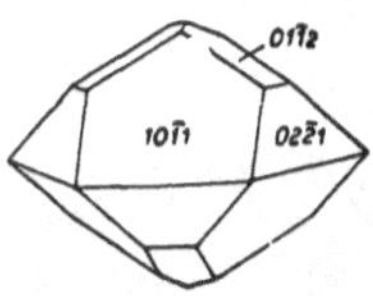

Abb. 81

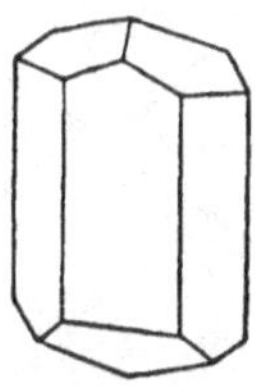
Abb. 82

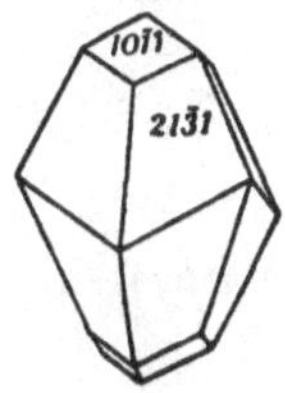

Abb. 83

23. Trigonal-trapezoedrische Klasse (D_3 = 32) = „Trapezoedrische Tetartoedrie"[1]). Sym. El. *Z* und S.E. fehlen, womit enantiomorphe Formen zu erwarten sind. S.A. 1▲, 3 polare ◖, die wie die Nebenaxen verlaufen. Basis und Prisma I. Stelle gleichen geometrisch den Formen der Klasse D_{6h}. $\{11\bar{2}0\}$ und $\{hki0\}$ ergeben je 2 nur stellungsverschiedene trigonale Prismen II. St.

[1]) Sie ist als Symmetrieklasse des gewöhnlichen (Tieftemperatur-) Quarzes, eines der gewöhnlichsten Minerale der Erdkruste wichtig, weil sie die kristallographische Grundlage zum Verständnis für dessen Verwendung als „Piezoquarz" (s. S. 103) liefert.

(Abb. 84) bzw. ditrigonale Prismen (Abb. 85 und Querschnitt 86). Die Flächenlage $\{h\,0\,\bar{h}\,l\}$ liefert 2 stellungsverschiedene Rhomboeder (I. St.), $\{h\,h\,\overline{2h}\,l\}$ 2 trigonale Pyramiden II. St. (Abb. 87a u. b).

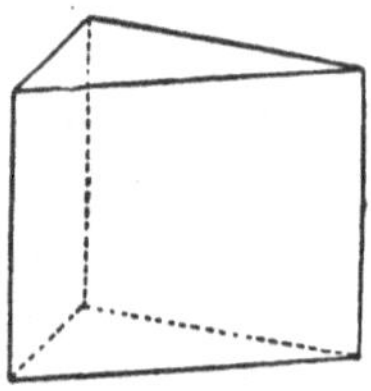

Abb. 84

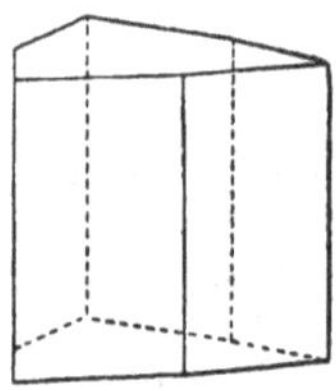

Abb. 85

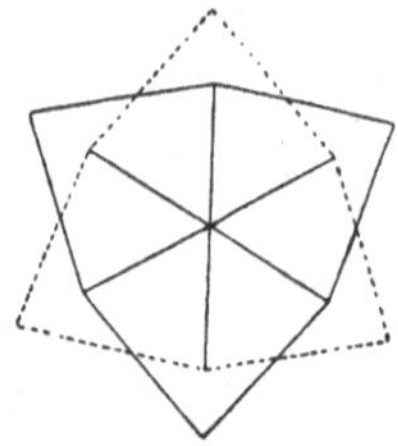

Abb. 86

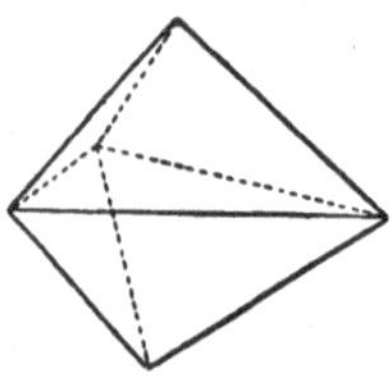

Abb. 87a

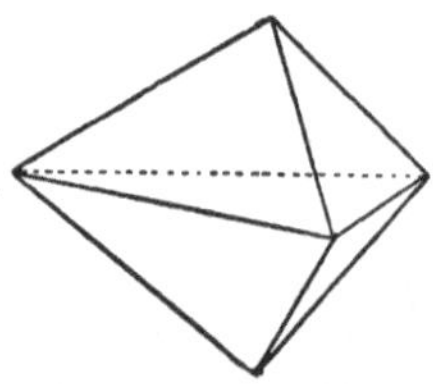

Abb. 87b

Die allgemeinste Flächenlage $\{hkil\}$ ergibt 4 trigonale Trapezoeder, von denen 2 unter sich nur stellungsverschiedene rechte 2 ebensolchen linken enantiomorph sind (Abb. 88a, 88b). In ihnen laufen die 2-zähligen polaren Axen von der Mitte der kurzen zur Mitte der langen Randkanten. — Einige Kombinationen vom Quarz zeigen Abb. 89, $\{10\bar{1}0\}$ und die Rhomboeder $\{10\bar{1}1\}$ und $\{01\bar{1}1\}$ im Gleichgewicht,

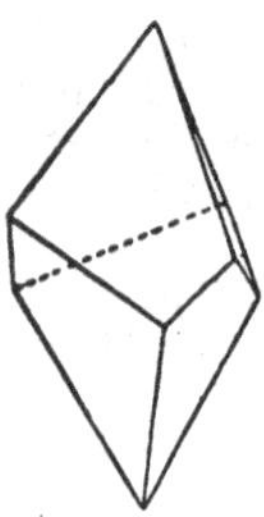

Abb. 88a

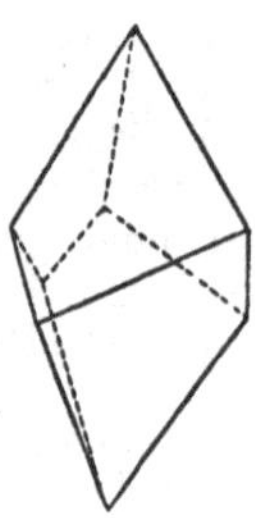

Abb. 88b

Abb. 90a und 90b, die für Quarze alpiner Klüfte charakterist. Kombination $\{10\bar{1}0\}p, \{10\bar{1}1\}r, \{01\bar{1}1\}r'$, $\{2\bar{1}\bar{1}1\}$ bzw. $\{11\bar{2}1\}s$, $\{6\bar{1}\bar{5}1\}$ bzw. $\{51\bar{6}1\}x$. Beide Formen unterscheiden sich auch physikalisch, z. B. im optischen Drehungsvermögen.

Abb. 89

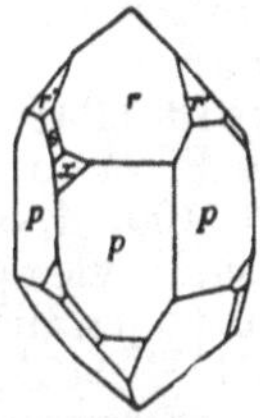

Abb. 90a

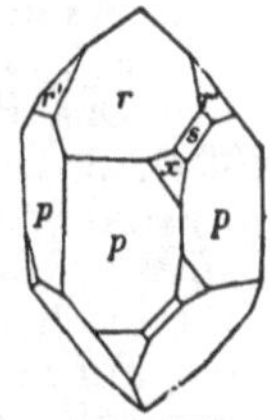

Abb. 90b

V. Das orthorhombische System (Abb. 91a–d) umfaßt 3 Sym.-Klassen, die sich beziehen lassen (Abb. 91) auf ein Axenkreuz von drei ungleichen, aufeinander senkrechten Axen. Man stellt es gemäß Abb. 92 auf[1]). Im allgemeinen (Ausnahmen häufig!) macht man den kürzesten Abschnitt der Einheitsfläche zu $\breve{a}$, den längsten zu $\acute{c}$. Eine „Hauptaxe"

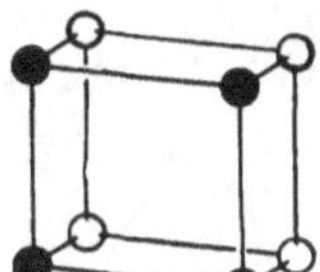

Abb. 91a

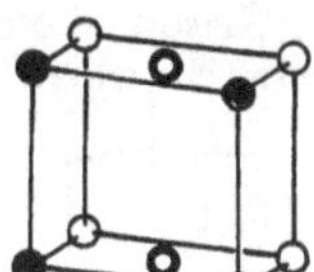

Abb. 91b

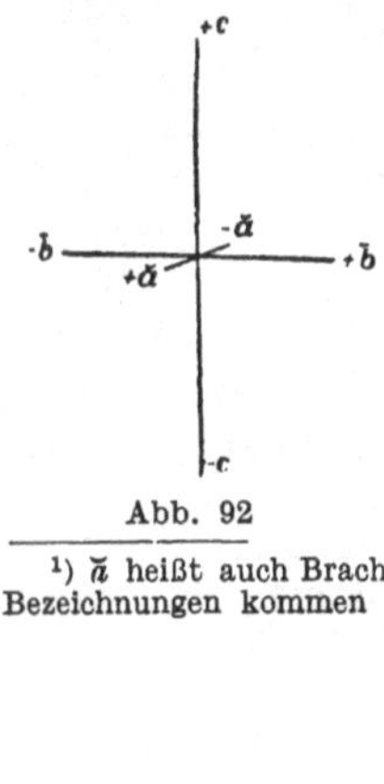

Abb. 92

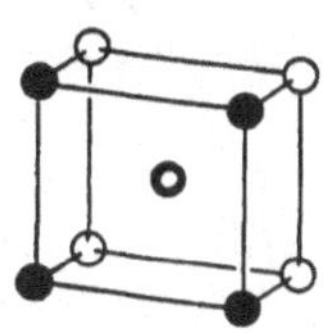

Abb. 91c

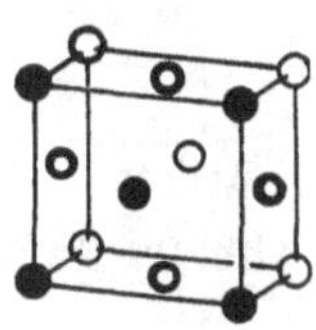

Abb. 91d

[1]) $\breve{a}$ heißt auch Brachyaxe, $\bar{b}$ Makro-, $\acute{c}$ Vertikalaxe. Die beiden ersten Bezeichnungen kommen glücklicherweise außer Gebrauch!

gibt es also nicht. Der Abschnitt auf *b* wird = 1 gesetzt und angegeben, z. B. $a : b : c = 0{,}6789 \ldots : 1 : 1{,}2345 \ldots$

25. Orthorhombisch-bipyramidale Klasse (D_{2h} = mmm) „Rhombische Holoedrie". Sym. El. *Z* vorhanden, 3 verschiedenwertige ❙, entsprechend den krist. Axen, 3 S.E. parallel den Axenebenen. — Die 7 einfachen Formen sind:

1. Das Basispinakoid (Basis), $\infty a : \infty b : c$ bzw. {001}. 2. Das seitliche Pinakoid $\infty a : b : \infty c$, {010}. 3. Vorderes Pinakoid {100}. 4, 5, 6. Die Flächenlagen {*hk*0} {0*kl*}, {*h*0*l*} sind vierseitige Prismen mit rhombischem Querschnitt, parallel der *c*-, *a*-, *b*-Axe. Die Formen {110}, {011}, {101} heißen „Einheitsprismen". Sie sind zur rechnerischen Ermittlung des Axenkreuzes bequem (Abb. 93, 94, 95). Diese abgebildeten Formen sind genauer natürlich Kombinationen mit den Pinakoiden senkrecht der *c*-, *a*-, *b*-Axe. 7. Die Form allgemeinster Lage $ma : nb : oc$ bzw. {*hkl*} ergibt orthorhombische Bipyramiden. 8 Flächen, ungleichseitige Dreiecke; die Schnitte parallel den Axenebenen sind Rhomben. $a : b : c$, {111} heißt wieder „Grund"- oder „Einheits"pyramide (Abb. 96). Kombinationen Abb. 97 Aragonit {010}, {110}, {011},

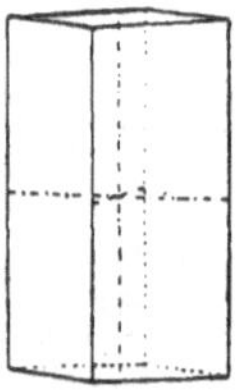

Abb. 93

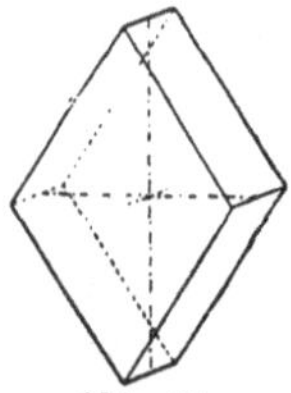

Abb. 94

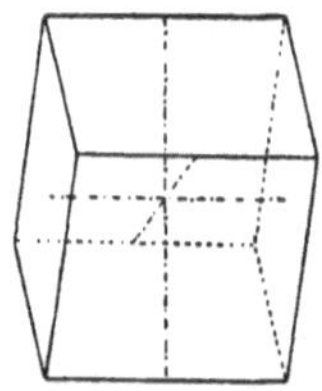

Abb. 95

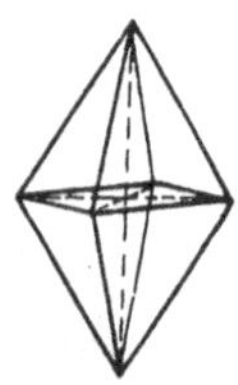

Abb. 96

Abb. 98 Schwefel {111}, {011}, {113}, {001}, Abb. 99 Olivin *a* {100}, *b* {010}, *c* {001}, *m* {110}. *k* {021}, *d* {101}, *e* {111}.

Die weiteren orthorhombischen Klassen zeichnen sich aus durch das Auftreten von Domen und Sphenoiden, Flächenpaaren, die nur durch eine Symmetrieebene bzw. eine 2-zählige Axe verknüpft sind.

Abb. 97

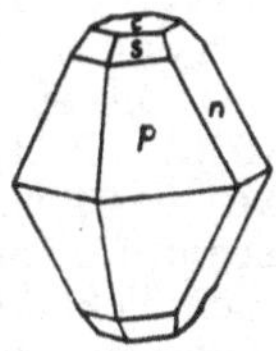

Abb. 98

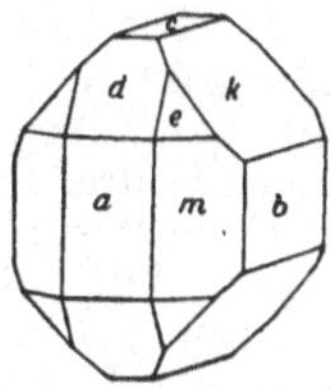

Abb. 99

VI. Das monokline System (Abb. 100a, b)

umfaßt 3 Symmetrieklassen, die sich beziehen lassen (Abb. 100) auf ein Axenkreuz von 3 ungleichen Axen, von denen 2 einen schiefen Winkel bilden; die dritte steht senkrecht auf diesen (Abb. 101). Die letztere („Orthoaxe") wird horizontal rechts-links gestellt, von den anderen beiden die eine vertikal (*c*). Die letzte verläuft demgemäß schräg nach vorn (*a*), auch „Klinoaxe". Der Winkel zwischen *a* und *c* heißt β[1]) und muß bei der Kennzeichnung der xx neben dem Axenverhältnis angegeben werden. Abgesehen davon, daß die zu den

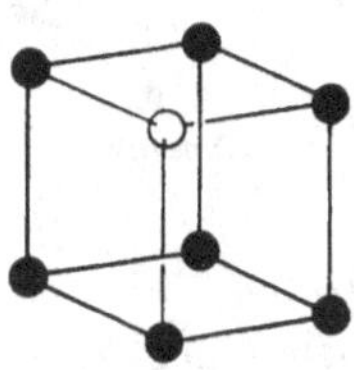
Abb. 100a

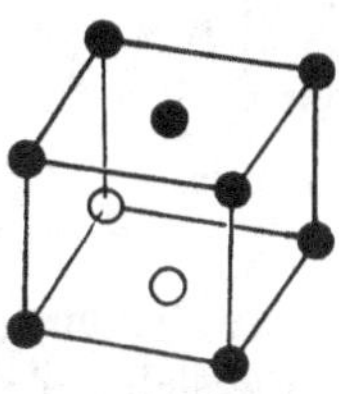
Abb. 100b

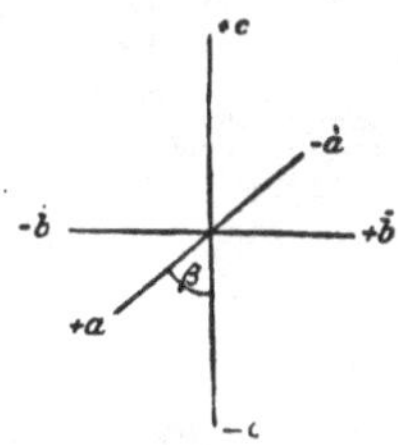

Abb. 101

[1]) Es kann sowohl der stumpfe „Winkel β" nach vorn oben, wie der spitze nach hinten oben angegeben werden.

anderen Axen senkrechte Axe hier als *b*-Axe gewählt werden muß, ist die Aufstellung beliebig, natürlich aber meist durch Übereinkunft gegeben.

28. Monoklin-prismatische Klasse (C_{2h} = 2/m) „Monokline Holoedrie". Sym.El. *Z* vorhanden, S.A. 1 ⬮, 1 S.E. senkrecht dazu. Die einfachen Formen sind hier die drei Pinakoide {010}, {001}, {100}, die Prismen parallel der *c*- und *a*-Axe $\{hk0\}$ bzw. $\{0kl\}$, die Pinakoide $\{h0l\}$ über dem stumpfen und $\{\bar{h}0l\}$ über dem spitzen ∢ *β* und schließlich $\{hkl\}$, die durch die Symmetrie als Prismen allgemeinster Lage erscheinen („prismatische Klasse"). Es gehören zusammen (hkl), $(hk\bar{l})$, $(h\bar{k}l)$, $(\bar{h}\bar{k}\bar{l})$, bzw. unabhängig davon über spitz *β* $(\bar{h}kl)$, $(\bar{h}\bar{k}l)$, $(hk\bar{l}$, $(h\bar{k}\bar{l})$. {111} heißt wieder „Grundprisma". — Am besten wird hier die Lage der einzelnen Formen in flächenreichen Kombinationen klargemacht: Abb. 102 von Orthoklas *P* {001}, *M* {010}, *l* {110}, *n* {021}, *x* {$10\bar{1}$}, *y* {$20\bar{1}$}, *o* {$11\bar{1}$}, 103 von Epidot, der fast immer nach der *b*-Axe gestreckt ist, *a* {100}, *c* {001}, *e* {101}, *l* {$20\bar{1}$}, *r* {$10\bar{1}$}, *m* {110}, *o* {011} = *n* {$\bar{1}11$}, *b* = {010}.

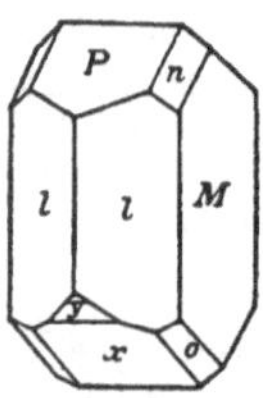

Abb. 102

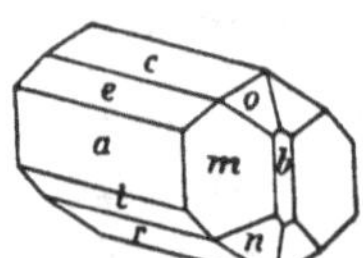

Abb. 103

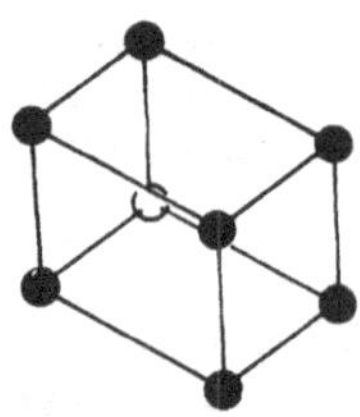
Abb. 104

VII. Das trikline System (Abb. 104)

umfaßt nur 2 Klassen, die sich auf ein beliebiges Axenkreuz (Abb. 104) beziehen lassen, gebildet aus drei nichtparallelen Kanten des Kristalls. Die so gewählten Axen sind ungleichwertig und bilden schiefe Winkel (Aufstellung und Bezeichnung vgl. Abb. 105). Zur Definition sind nicht nur das Axenverhältnis $a : b : c$, sondern auch die Winkel α, β, γ notwendig.

31. Pinakoidale Klasse ($C_i = \bar{1}$) „Trikline Holoedrie“. Sym. El. Als einziges Symmetrieelement das Z vorhanden. Alle Formen bestehen damit nur aus Flächen und Gegenfläche, sind also Pinakoide. Welche man den

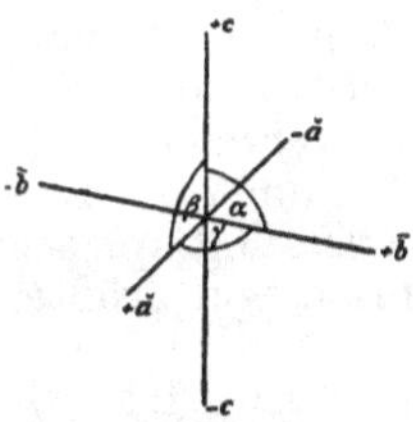

Abb. 105

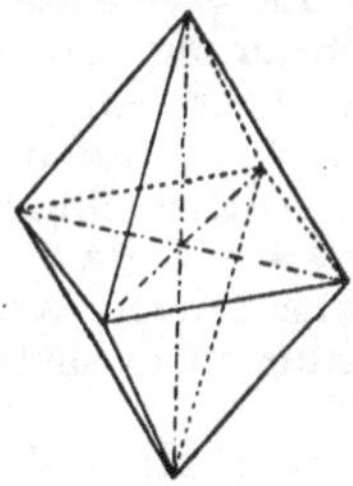

Abb. 106

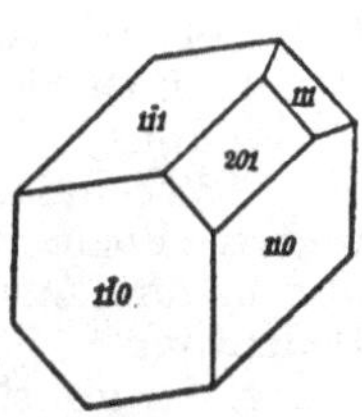

Abb. 107

Axenebenen parallel wählt usw., ist rein konventionell. Die abgebildete Doppelpyramide ist in Wahrheit die Kombination von 4 Pinakoiden, z. B. $\{111\}$, $\{\bar{1}11\}$, $\{1\bar{1}1\}$, $\{11\bar{1}\}$. Wieder werden die Verhältnisse an Abbildungen flächenreicher Kombinationen am klarsten. Abb. 107 von Axinit $\{1\bar{1}0\}$, $\{110\}$, $\{201\}$, $\{1\bar{1}1\}$, $\{111\}$; es ist natürlich sofort klar, daß z. B. $\{1\bar{1}1\}$ und $\{111\}$ keine engere Beziehung haben. Oder Abb. 108 von Anorthit $c\,\{001\}$, $b\,\{010\}$, $m\,\{110\}$, $M\,\{1\bar{1}0\}$, $o\,\{11\bar{1}\}$, $p\,\{1\bar{1}\bar{1}\}$, $a\,\{100\}$.

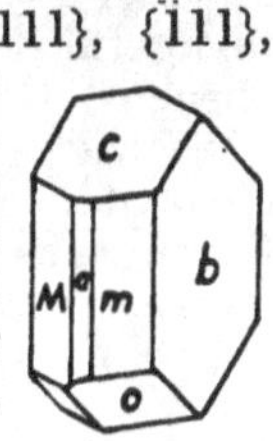

Abb. 108

Gesetzmäßige Verwachsungen

Neben regellos zufälligen Verwachsungen von Kristallen derselben oder verschiedener Art findet man häufig Verwachsungen, die als irgendwie gesetzmäßig erkennbar sind. Die Erklärung ist prinzipiell bei gleicher oder verschiedener Kristallart ähnlich: Jeder Kristall versucht in dem ihm charakteristischen Gitterrhythmus weiterzuwachsen; die dazu erforderliche Anlagerungsarbeit ist ein Minimum, der entstehende Körper hat die größte Stabilität. Es gibt aber Lagen, wo in der Lösung schwebende Gitterblöckchen beim Zusammentreffen fast ebensogut bindungsmäßig aufeinanderpassen, möglicherweise, wenn die Ebene Baufehler hat, sogar noch besser. Es verwachsen dann zwei x-Teile verschiedener Orientierung zu einem „Zwilling“. Ganz ebenso ist es, wenn ein Kristall in der Lösung zwar keinen eigenen Nährstoff mehr findet, aber eine Verbindung, deren Gitter ihm nah verwandt ist; diese Verbindung wächst dann auf ihm orientiert weiter. Beide Erscheinungen sind kristallographisch und in den Auswirkungen auch technisch von größter Bedeutung.

Zwillinge sind zwei Kristalle derselben Art, die so verwachsen sind, daß das Verwachsungsgesetz x'graphisch leicht angegeben werden kann. Die Verwachsung erfolgt so, daß der Kristall *a* durch Spiegelung an einer Fläche oder durch 180°-Drehung in die Lage *b* übergeführt wird. Ersteres nennen wir Zwillingsebenen-, letzteres Zwillingsaxengesetz. Zwillingsebene wie Zwillingsaxe sind sehr einfache rationale Kristallelemente. Natürlich kann eine Zwillingsebene keine Symmetrieebene, Zwillingsaxe keine gradzählige Symmetrieaxe sein, da ja sonst nur Parallelverwachsung, d.h. ein einheitlicher x entstünde.

Abb. 109

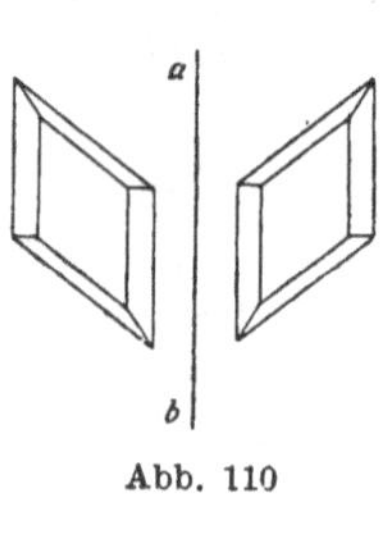

Abb. 110

Einen Zwilling von Gips zeigt Abb. 109; die Hälften sind symmetrisch zu (100), der Zwillingsebene (*a b* in Abb. 110). Derselbe Zwilling kann entstanden gedacht werden durch Drehung um die auf (100) senkrechte Zwillingsaxe; sie ist hier übrigens irrational.

Bei den niedriger symmetrischen Klassen, bei triklinen stets, muß zwischen einem Zwillingsebenengesetz und Zwillingsaxengesetz scharf unterschieden werden, je nachdem welches Element rational ist.

Falls Pseudosymmetrien vorliegen, kommen außerdem noch zwillingsähnliche Verwachsungen vor, deren kristallographische Beschreibung ohne Zuhilfenahme der Gitteranalogie nicht möglich ist (z.B. bei Glimmer).

Nach der Entstehung unterscheiden wir Wachstumszwillinge, die uns hier besonders beschäftigen, Gleitzwillinge (s. S. 78) und Umwandlungszwillinge (s. S. 73). Die kristallographischen Gesetzmäßigkeiten sind aber gleich.

In Zwillingen erfolgt oft eine Verkürzung in der Richtung senkrecht zur Verwachsungsebene, die selbst sehr häufig (nicht immer) mit der Zwillingsebene zusammenfällt. So sind z.B. Spinellzwillinge tafelig // (111), Orthoklas beim Karlsbader Gesetz // (010).

Außer zur Berührung kann es bei Zwillingen auch zur Durchdringung der beteiligten Individuen kommen, wobei die Verwachsungsebene oft ganz unregelmäßig wird. Die ,,Zwillingsnaht" ist oft durch das Absetzen der Flächenstreifung o. ä. erkennbar. — Gewöhnlich beobachtet man an Zwillingen einspringende Winkel, die an einfachen xx nur bei unvollkommener Entwicklung auftreten (keine Verwechselungen!). Bei mehr als 2 Individuen spricht man von Drillingen, Vierlingen, . . ., Viellingen. Häufig sind in einem sonst einfachen Kristall nur vereinzelt feine Häute in Zwillingsstellung eingelagert, oder aber es bildet sich durch häufigste Wiederholung solcher wechselweise verzwillingter Lamellen ein ,,polysynthetischer" Zwilling aus.

Sehr häufig ist die Zwillingsbildung darin begründet, daß bereits kleine Gitterblöcke höhere Pseudosymmetrie besitzen. Die Zwillinge betonen dann die letztere: Solche von Plagioklas (triklin) sehen monoklin, von Bournonit (o'rhombisch) tetragonal, von Harmotom (monoklin) o'rhombisch, ja tetragonal und kubisch aus. Die Erscheinung ist sehr wichtig, da sie oft einen Hinweis auf die Symmetrie einer Hochtemperaturform gibt. Zwillingsbildung kann auch bereits in Dimensionen des Gitters auftreten. Die Elementarzelle z.B. des o'rhombischen Enstatits kann so als nach (100) verzwillingte Zelle der monoklinen Augite aufgefaßt werden.

Beispiele von Zwillingen geben: kubisch Abb. 111 Magnetit, „Spinellgesetz", Zwillings-eb. (111); 112 Flußspat, Durchkreuzungszwilling nach (111); 113 Pyrit ein ebensolcher nach (110). Hier ist die Symmetrie der Klasse O_h vorgetäuscht. Tetragonal: Abb. 114, Zinnstein {111} {110} nach (011), wo die Zw.-Axe bereits irrational ist. Hexagonal: 115 Kalkspat nach (0001), 116 Quarz mit $\{10\bar{1}0\}$ $\{10\bar{1}1\}$ $\{11\bar{2}1\}$ $\{51\bar{6}1\}$, Zwilling nach der *c*-Axe [0001] (Dauphiné-Gesetz). Eine Zwillingsebene ist hier, wie bei vielen xx ohne Sym. Z., nicht anzugeben. Der Verlauf der Zwillingsnähte ist gestrichelt. O'rhombisch: 117 Aragonit

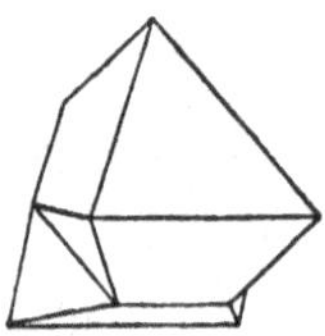

Abb. 111

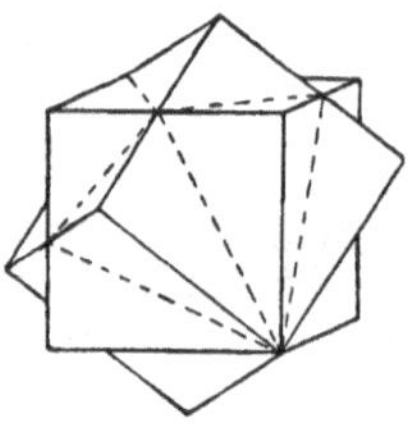

Abb. 112

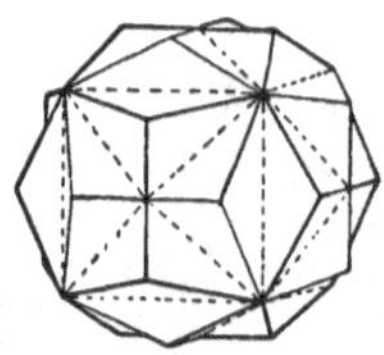

Abb. 113

Abb. 114

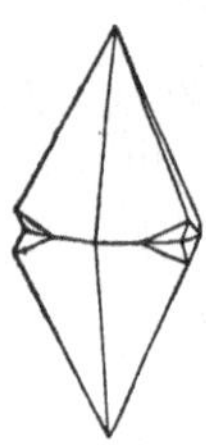

Abb. 115

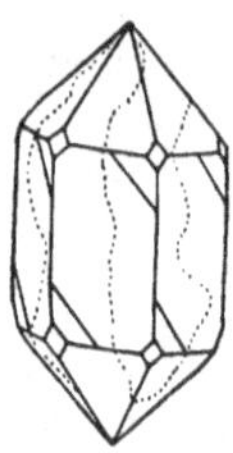

Abb. 116

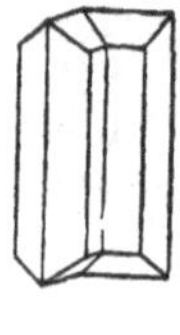

Abb. 117

nach (110), Staurolith nach (032). Monoklin: 118 Augit nach (100), 119 Orthoklas nach (100), aber Verwachsungsebene etwa (010) mit unregelmäßigem Verlauf der Zw.-Naht. Triklin: 120 Plagioklas nach (010), meist in polysynthetischer Wiederholung, daher Streifung auf (001).

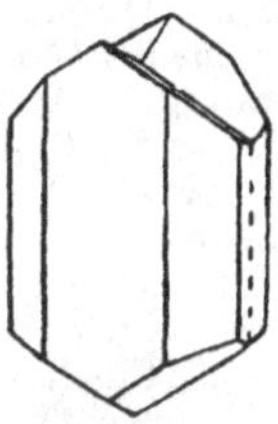

Abb. 118

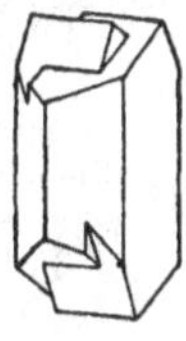

Abb. 119

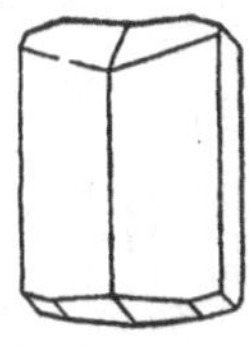

Abb. 120

Regelmäßige Verwachsungen von Kristallen verschiedener Art sind ungemein verbreitet. Ihre früh beobachtete Bildung war zunächst rätselhaft. Heute weiß man, daß solche xx verwachsen können, bei denen in einer oder mehreren Netzebenen des Gitters die Dimensionen weitgehend übereinstimmen. Die Übereinstimmung kann dabei durchaus höherer Ordnung sein, z. B. ein kubischer mit einem o'rhombischen verwachsen, wenn dessen eine Gitterdimension gerade mit der Würfeldiagonale paßt usw. Erleichtert wird die Verwachsung, wenn eine Ähnlichkeit in der chemischen Bindung vorliegt. Nötig ist sie bei großer Gitterähnlichkeit nicht, wie z. B. die Verwachsung bei PbS—NaBr zeigt. Manchmal wird die Verwachsung durch Vorbehandlung der Fläche (natürliche oder künstliche Ätzung) begünstigt. Die orientierten Verwachsungen stellen eine Brücke zu den Mischkristallen, gegebenenfalls bei Abweichungen im Gittertyp, Formeltyp, Bindungstyp u. a. zu den „anomalen" dar. Vielfach liefern beschränkt mischbare Kristallarten unbegrenzt orientierte Verwachsungen, oder es bilden bei niedriger

Temperatur nur orientiert verwachsende, bei hoher Mischkristalle. Beispiele sind:

Zinkblende—Kupferkies; die dreidimensionale Analogie ist a_w 5,39 Å bei ZnS, 5,27 Å bei $CuFeS_2$, die Bindungsart ähnlich. Staurolith—Disthen Abb. 121 (010) des ersteren verwächst mit (100) bei Disthen mit gemeinsamer *c*-Axe. Die zweidimensionale Analogie ist $a_0 = 7{,}81$, $c_0 = 5{,}64$ bei Staurolith, $b_0 = 7{,}88$, $c_0 = 5{,}64$ bei Disthen[1]). Orthoklas—Albit. Die auf vielen pegmatitischen Orthoklasen aufsitzenden Albite sind mit der *a*- und *c*-Axe parallel. Bevorzugt sitzen sie auf $\{\bar{1}10\}$ und {101}, weil gerade in diesen Ebenen die Gittergrößen besonders gut übereinstimmen. Dasselbe Verwachsungsgesetz zeigt auch die „perthitische Entmischung" der bei hoher Temperatur gebildeten Mischkristalle $KAlSi_3O_8$-$NaAlSi_3O_8$ des „Orthoklas- und Albit-Moleküls". —Künstlich: Bariumsulfat und Kaliumperman-ganat. Die chemisch so abweichenden Substanzen haben ein völlig übereinstimmendes Gitter mit a_0, b_0, c_0 = 8,85, 5,44, 7,13 Å bzw. 9,10, 5,60, 7,40 Å. Künstliche orientierte Verwachsungen stellen z.B. manche Anfärbemethoden verschiedenster Art dar.

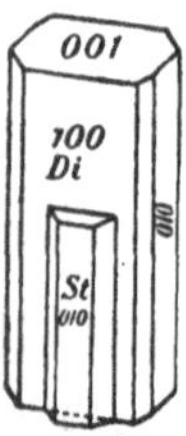

Abb. 121

Der Feinbau der Kristalle

Allgemeines. Beweise für die S. 16 angedeuteten strukturtheoretischen Überlegungen von Hauy, Bravais, Schoenflies u.a. waren — obwohl sehr vieles für ihre Richtigkeit sprach — nicht beizubringen, bis 1912 M. v. Laue auf Grund etwa folgender Überlegungen der experimentelle Beweis gelang:

Aus der Gastheorie kann man ableiten, daß in 1 cm^3 eines festen Körpers etwa 10^{24} Atome enthalten sind (Avogadrosche Zahl). Damit ist die lineare Größenordnung eines Atoms (bzw. seines Wirkungsbereiches) oder einfachen Moleküls gegeben mit 10^{-8} cm (d.h. 0,0000001 mm = 1 Ångströmeinheit, Å). Falls die Kristalle nun in der Tat raumgitterartig aufgebaut waren, mußte es möglich sein, sie als Beugungsgitter für

[1]) Der Winkel [010] [001] bei Disthen weicht praktisch nicht von 90° ab.

geeignetes Licht zu verwenden und die Beugungserscheinungen zu beobachten. Gewöhnliches Licht ist dazu ungeeignet, da seine λ etwa um das Tausendfache zu groß sind. Dagegen konnte man vermuten, daß die Wellenlänge der Röntgenstrahlung etwa dieses Maß (gleich oder etwas kleiner als die Gitterbreite) haben müsse. Als es Laue gelang, durch Beugung entstandene Interferenzflecke auf der photographischen Platte zu erkennen, war damit nachgewiesen, daß die Röntgenstrahlen tatsächlich besonders kurzwellige Lichtstrahlen sind und andererseits, daß die xx aus Raumgittern der erwarteten Größenordnung bestehen! Im Vorausgegehenden wurden schon an vielen Stellen diese Tatsache und aus ihr zu ziehende Folgerungen vorweggenommen.

I. Die röntgenographischen Verfahren

Im Verlauf der Entwicklung wurde eine ganze Zahl von Verfahren entwickelt, unter denen die „klassischen" von Laue, Bragg, Debye-Scherrer kurz besprochen werden. Die Bragg-Methode ist am leichtesten zu erläutern. In Abb. 122 seien n_1, n_2, n_3 dichtbesetzte Netzebenen eines Kristalls mit dem Abstand d. Unter dem Winkel ϑ fällt auf diese Röntgenlicht und wird gleichsam (latein. quasi) reflektiert. Die Quasireflexion ist aber keine echte, unter allen beliebigen Winkeln ϑ stattfindende Reflexion, sondern tritt — einfarbiges Licht vorausgesetzt! — nur ein, wenn a_2 auf dem Wege A_2DBC gerade mit a auf dessen Weg A_1 B C mit gleicher Phase interferiert. Das trifft zu, wenn der Unterschied der Weglängen (EF) gerade der Bedingung genügt $2d \cdot \sin \vartheta = n \cdot \lambda$, wo λ die Wellenlänge, n eine kleine ganze Zahl, meist 1, 2, 3, 4, 5 ist. Sie heißt „Bragg'sche Gleichung".

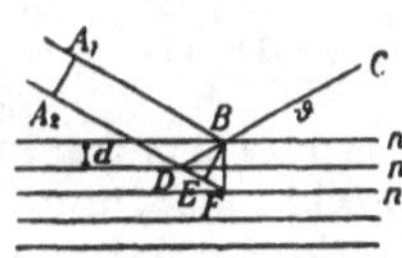

Abb. 122

Zur Erfüllung dieser Bedingung muß man, bei Anwendung eines bestimmten λ, den Auftreffwinkel ϑ variieren. Das geschieht bei **Bragg** folgendermaßen: Von einer Röntgenröhre R (Abb. 123) trifft einfarbiges Röntgenlicht auf eine Kristallplatte P genau bekannter Orientierung; der Gitterabstand d, senkrecht zur Platte, soll bestimmt werden. Die Kristallplatte ist selbst drehbar auf einem Goniometerkopf montiert. Beim Drehen werden an bestimmten Stellen auf einem Fluoreszenzschirm erkennbare Interferenzen auftreten. Praktisch fängt man sie mit einem zylindrisch um das Goniometer gelegten photographischen Film oder mit einer beweglichen Ionisationskammer auf. Der Winkel RPJ wird auf dem Goniometerteilkreis abgelesen, er entspricht $180° - 2\vartheta$. Bei bekanntem λ kann jetzt d berechnet werden, da die Werte für $n = 1, 2, 3, \ldots$ (die Interferenzen „1., 2., 3. Ordnung") durch einen charakteristischen Intensitätsabfall ausgezeichnet sind, außerdem ϑ für größeres n immer größer wird.

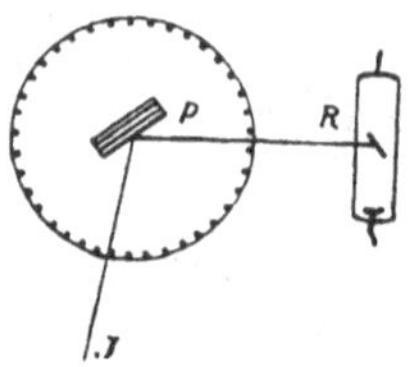

Abb. 123

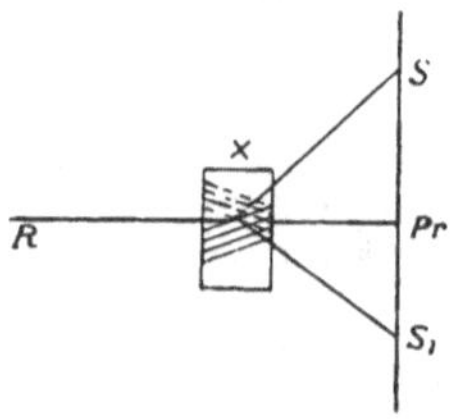

Abb. 124

Die **Anordnung nach v. Laue** (Abb. 124) ist komplizierter, da sie mit allfarbigem Röntgenlicht arbeitet und es dem Kristall überläßt, sich für sein d bei festliegender Auftreffrichtung das passende λ auszublenden[1]). Wir wissen also zunächst jeweils nicht, mit welchem λ wir arbeiten. Dabei sind aber die erhaltenen Interferenzbilder außerordentlich instruktiv und lassen sofort die Symmetrie erkennen.

Der Röntgenstrahl R trifft den x. Für eine in ihm liegende Netzebene E gibt ein bestimmtes λ des „weißen" Röntgenlichts eines Metalls mit hoher Ordnungszahl, dessen charakteristische Strahlung bei der angelegten Spannung noch nicht angeregt wird und demnach nicht stört, gerade die Interferenzbedingung und damit auf der photographischen Platte einen Schwärzungsfleck S, weiter außen ebenso einen solchen für $n = 2$ usw., ferner für alle möglichen niedrig indizierten Netzebenen in der Kristallplatte,

[1]) Wie das geschieht, lese man in größeren Lehrbüchern der Mineralogie nach!

für die der Netzabstand d hinreichend groß ist, um überhaupt Interferenz zuzulassen. Zur Auswertung werden Laueaufnahmen wenig gebraucht.

Das Debye-Scherrer-Verfahren ähnelt prinzipiell sehr dem Bragg-Verfahren, verwendet aber keinen Kristall bekannter Orientierung, sondern an seiner Stelle ein Röhrchen von feinstem Kristallpulver, das dann nicht nur die Reflexe aus einer Zone, sondern solche für alle Flächen ergibt, die nicht durch zu kleines d überhaupt ausfallen[1]). Die Bestimmung der Indices der Reflexe, die beim Bragg-Verfahren leicht ist, weil immer nur wenige Flächen aus einer Zone, manchmal eine einzige, in Frage kommen, macht hier große, bei niedrig symmetrischen xx z. T. unlösbare Schwierigkeiten. An sich ist es die am einfachsten (und billigsten!) zu handhabende Methode und liefert sehr genaue Werte für die jeweiligen d. Durch kleine Abänderungen und Ergänzungen läßt sich die Genauigkeit bis auf 0,001—0,0001 Å steigern.

Zwischen dem Bragg- und Debye-Scherrer-Verfahren steht als Zwischenstufe das „Faserdiagramm". Viele faserige Mineralien, ebenso aber auch künstliche oder natürliche Fasern sind so ausgebildet, daß die Faseraxe einer kristallographischen Axe entspricht. Ein Büschel solcher Fasern wird also ohne Drehung denselben Effekt hervorbringen wie ein Einzelkristall gedreht um diese Axe beim Bragg-Verfahren.

Die Drehkristall-Aufnahme ist ebenfalls eine Abwandlung des Bragg-Verfahrens. Ein Kristall wird genau parallel einer Kristallaxe in einer Debye-Scherrer-Kamera gedreht. Es entstehen Schwärzungen für die Flächen dieser Zone, die wie bei Bragg auszuwerten sind. Daneben entstehen aber parallel zur

[1]) Dieses Ausfallen kleiner d-Werte, d.h. der hochindizierten Flächen, ist im allg. keineswegs unerwünscht, da die Indizierung vereinfacht wird. Man wählt sogar bei Gittern mit großer Elementarzelle entsprechend größere λ des Röntgenlichts, um die Zahl der Reflexe einzuschränken.

Folge dieser Interferenzflecken in gleichen Abständen ähnliche Folgen. Ihr Abstand zur Mittelfolge gibt direkt das Maß des Identitätsabstandes im Gitter || der montierten Axe. Die Berechnung erfolgt nach den Formeln $P = \frac{n\lambda}{\cos\mu}$ und $\cot\mu = \frac{e}{R}$, wo P der gesuchte Identitätsabstand, e der Abstand in mm, R den Kammerradius, μ den aus Abb. 125 ersichtlichen Winkel darstellt. — Das Verfahren kann sehr schnell bei mäßiger Meßgenauigkeit auch ohne Indizierungsarbeit die Grundwerte der Elementarzelle liefern.

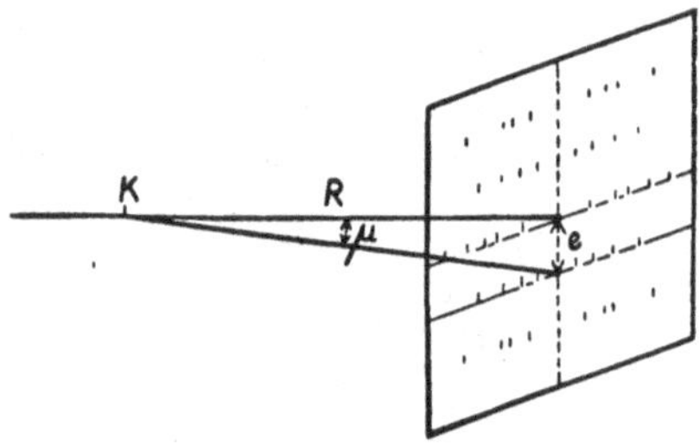

Abb. 125

II. Gittertypen

Bei der Auswertung einer großen Zahl von Kristallgittern stellte sich heraus, daß eine Reihe von Gittertypen besonders verbreitet ist, und weiter, daß viele andere, an sich erheblich kompliziertere oder niedriger symmetrische auf die erstgenannten einfacheren leicht bezogen werden können. Einige der einfachsten Fälle seien besprochen, gelegentlich mit Hinweisen auf Schwierigeres.

Zur Beschreibung der Gitter werden angegeben die Hauptdimensionen der Elementarzelle, d. h. des kleinsten Ausschnitts aus dem Kristallgitter, der alle vorkommenden Punktlagen des Gitters enthält und dessen einfacher Weiterbau das ganze Gitter entstehen läßt (bezeichnet mit a_0, b_0, c_0 für die den kristallographischen Axen entsprechenden Koordinaten), nötigenfalls die von 90° abweichenden Formeleinheiten (Z)[1]), weiter die Raumgruppe, der die Zelle angehört, und schließlich die

[1]) Man sagt auch „Moleküle je Zelle", was aber irreführend ist, da die Bausteine ja meist keine Moleküle sind.

„Parameter", d.h. die Orte aller in der Lage prinzipiell verschiedenen Gitterbausteine bezogen auf eine Ecke der Elementarzelle.

Die im Schrifttum gewählte Einteilung der Gittertypen ist willkürlich. Am meisten angewendet wird die der „Strukturberichte", wo A-Typen die Gitter der reinen Elemente, B-Typen die der Verbindungen XY, C-Typen XY_2 usw. bedeuten. Einen Hinweis auf die Kompliziertheit o. a. gibt diese Einteilung nicht, z.B. ist das Schwefelgitter sehr kompliziert, das Kupfergitter einfach.

Beispiele „A. 1.". Besonders häufig bei den Metallen, bes. bei den gediegen vorkommenden wie Au, Ag, Cu, Pt, Pb ist das flächenzentrierte Gitter (Abb. 126 mit a_0 von Cu[1])). Es besitzt eine „dichteste Packung", die für viele Eigenschaften: hohes spezifisches Gewicht, Zähigkeit, hoher Glanz, geringe Spaltbarkeit verantwortlich ist. Z ist hier $= 4$. — Der „A_2"-Typ ist das innenzentrierte Gitter (Abb. 127); ihn besitzen das gewöhnliche Tieftemperatureisen, ebenso Wolfram. Z ist 2.

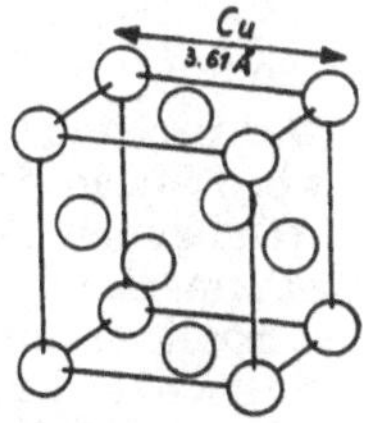

Abb. 126

Das einfach primitive Würfelgitter mit $Z = 1$ kommt als solches nicht vor. Es findet sich aber mit geringer Deformation bei den rhomboedrischen „Sprödmetallen" As, Sb, Bi.

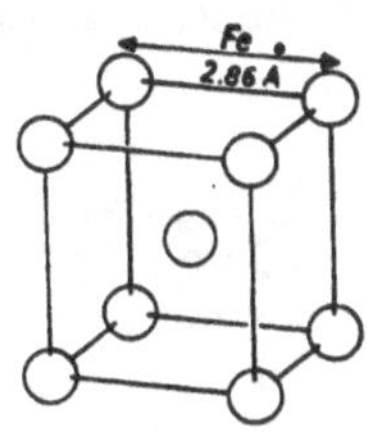

Abb. 127

Elementares Zink, Mg, Be, Hf, aber auch das natürliche Osmiridium sind hexagonal, haben aber Eigenschaften, die denen des A_1-Typs sehr analog sind. Sie haben „Hexagonal dichteste

[1]) Bei der Zählung der Bausteine je Zelle beachte man, daß in den Abbildungen die Atome auf den Ecken nur zu $^1/_8$, den Kanten zu $^1/_4$, den Flächen zu $^1/_2$, nur die innerhalb der Zelle voll zu rechnen sind!

Kugelpackung“ (Abb. 128), in der die Einzelschicht, wie auch der Schichtabstand der (111)-Schicht im kubischen völlig gleicht. Nur folgen im hexagonalen jeweils 2, im kubischen 3 Schichten verschiedener Lage. Das erleichtert offensichtlich das Auftreten allotroper Modifikationen sehr ähnlicher Eigenschaften wie auch die Zwillingsbildung nach dem Spinellgesetz. (Abb. 129a und b, mit je 3 Schichten.)

Abb. 128

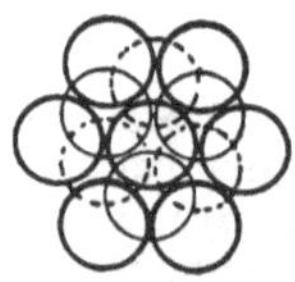

Abb. 129a

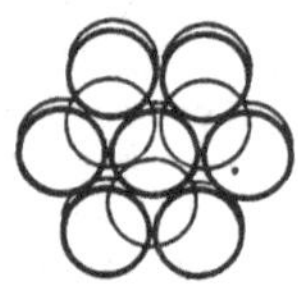

Abb. 129b

Graphit hat ein hexagonales „Schichtgitter“ (Abb. 130), in dem die in verschiedener Richtung stark abweichenden Atomabstände den sehr verschiedenen Zusammenhalt in verschiedenen Richtungen (z. B. also die Spaltbarkeit || (0001)) bedingen.

Schwefel besitzt ein eigentümliches Gitter insofern, als die Bausteine nicht Atome sind wie sonst bei den A-Typen, sondern Moleküle aus 8er Ringen, von denen 16 die Zelle aufbauen (also $Z = 128$ S).

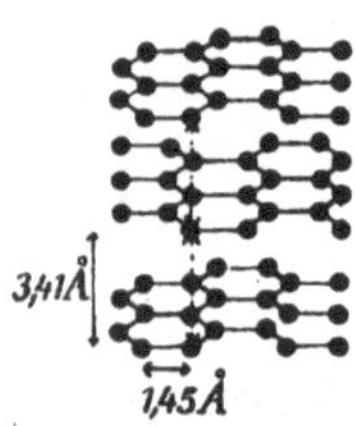

Abb. 130

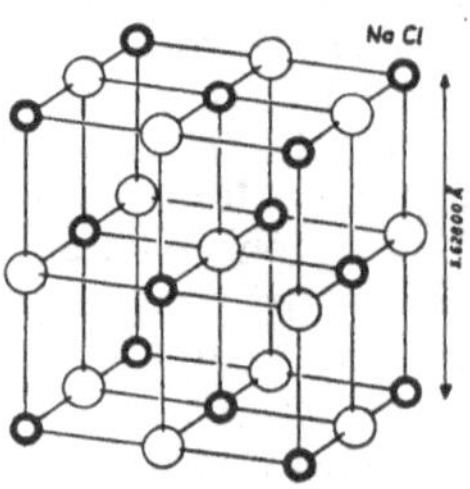

Abb. 131

Von den B-Typen ist ganz besonders wichtig und häufig das Steinsalzgitter, das wir z. B. im Steinsalz, Bleiglanz, Periklas, aber auch bei TiN, ZrC u. a. vorfinden (Abb. 131). Es besteht aus zwei ineinandergestellten flächenzentrierten Gittern für Na^+ und Cl^-. Die Anordnung bringt mit sich, daß die in sich bindungsmäßig gut abgesättigte Würfelfläche überall Spaltfläche ist. Das Steinsalzgitter liegt als Bauprinzip in deformierter Form dem trigonalen Gitter des HgS, dem Kalkspatgitter, wo Cl durch CO_3-Gruppen ersetzt ist, und vielen anderen zugrunde. — Das Caesiumchloridgitter dagegen besteht aus ineinandergestellten einfachen Würfelgittern (Cs^+ bzw. Cl^-), Abb. 132. Die Koordinationszahl für Cs bzw. Cl ist 8.

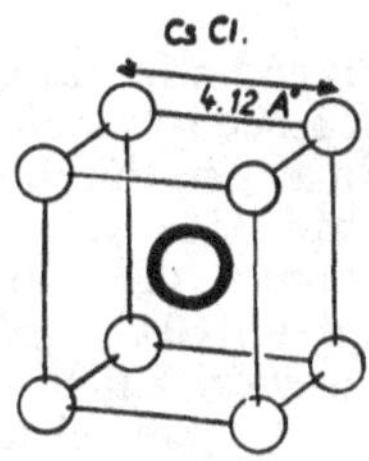

Abb. 132

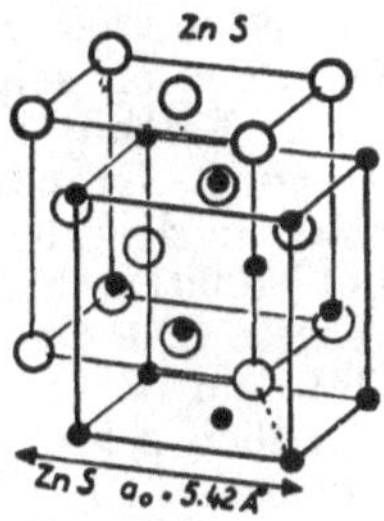

Abb. 133

Das Zinkblendegitter ist am leichtesten beschreibbar als flächenzentriertes Zn-Gitter, mit dem ein um $^1/_4$ der Würfeldiagonale verschobenes ebensolches S-Gitter verknüpft ist (Abb. 133). Zn ist tetraedrisch von 4 S umgeben und umgekehrt. Ein ebensolches, aber nur aus einer Atomart bestehendes Gitter besitzt Diamant. — Das Wurtzitgitter (auch bei CdS, BeO u. a.) ist dem Zinkblendegitter nahe verwandt; es stellt eine hexagonale Lockerpackung dar wie Zinkblende eine kubische.

Fluorit (Abb. 134 — 2 Zellen —) zeigt 8 Fluorionen jeweils $^1/_4$ der Diagonale von den Ecken entfernt und die Ca auf Ecken und Flächenmitten. Jedes Ca ist von 8 F, jedes F von 4 Ca umgeben.

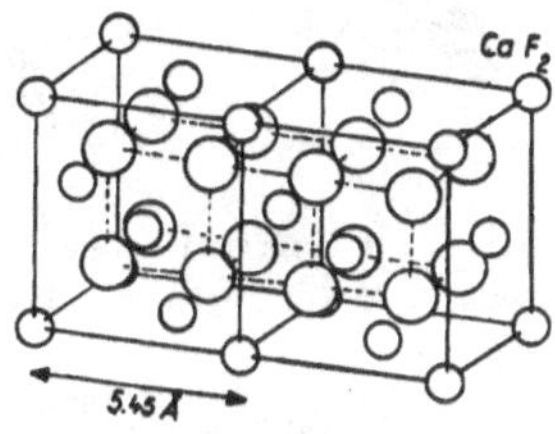

Abb. 134

Der Pyrittypus, sehr verbreitet, ähnelt dem Steinsalztyp, wo die Cl-Lage durch den Schwerpunkt zweier hantelartig benachbarter S-Atome ersetzt ist. Besteht diese Hantel wie bei Glanzkobalt oder Ullmannit aus S—As bzw. S—Sb, so wird die Symmetrie von T_h auf T erniedrigt.

Der schon kompliziertere Perowskittyp[1]) (Abb. 135) ist wichtig, weil er das Mittelatom in 12er Umgebung von Sauerstoff zeigt, während Ti gegen diesen 6er Koordination zeigt.

Das Kalkspatgitter wird am besten beschrieben als zum Grundrhomboeder deformiertes Steinsalzgitter, in dem die Na-Lagen durch Ca, die des Cl durch die || (0001) scheibenförmige Gruppe CO_3 eingenommen werden. Die definitionsmäßig „kleinste Zelle" (Abb. 136), ein Rhomboeder $\{40\bar{4}1\}$ gibt die Verhältnisse eigentlich schlecht wieder. Auch Korund (und weitgehend analog Ilmenit) läßt sich als Steinsalzgitter definieren, wo Na und Cl durch abwechselnde enantiomorph angeordnete Gruppen von Al_2O_3, Abb. 137, ersetzt ist. Die Deformation vom Würfel zum Rhomboeder beträgt nur wenige Grad[2]).

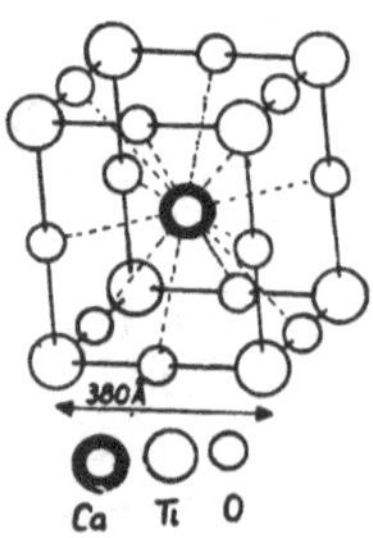

Abb. 135

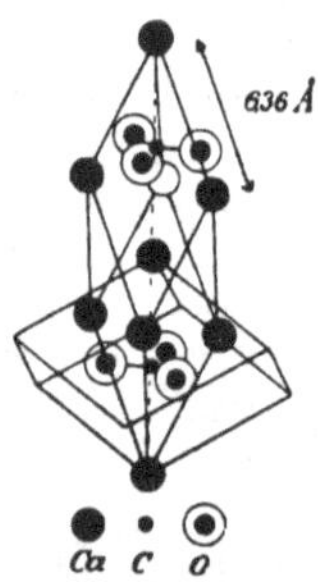

Abb. 136

Abb. 137

Das Kupferkiesgitter (Abb. 138) entspricht ganz dem Zinkblechgitter. Da aber Cu und Fe gesetzmäßige,

[1]) Perowskit selbst ist komplizierter; den strengen Typ zeigen z. B. BaTiO oder als Mineral Dysanalyt.

[2]) Auch hier wird eine kleinere Zelle der Konvention zuliebe angegeben.

nicht statistische Verteilung haben, muß die Zelle eine doppelte c-Dimension erhalten.

Silikatstrukturen (Abb. 139a—i). S. 11 war gesagt, daß Si stets 4er Koordination mit O besitzt. Dieses „SiO_4-Tetraeder" besitzt eine Valenz von —4, während

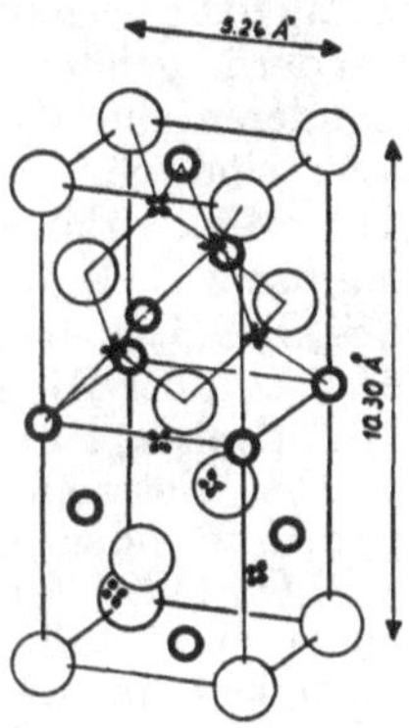

Abb. 138

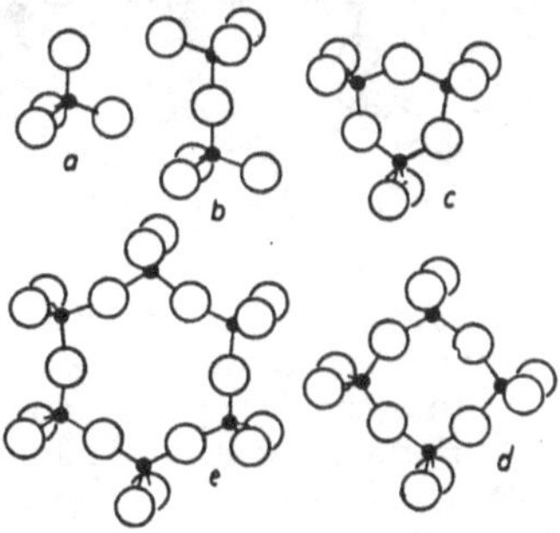

Abb. 139

die sehr ähnlichen PO_4 und SO_4 —3 bzw. —2 haben. Wir werden vieles im Folgenden für Silikate zu Sagende, aber nicht alles, auf Phosphate und Sulfate übertragen dürfen; Ähnliches gilt für Gruppen wie BF_4^{-1} u. a.

Inselsilikate. Die SiO_4-Tetraeder (139a) können als Einzelbausteine im Gitter auftreten. Die 4 Valenzen können z.B. durch 2Mg, 1Zr, 2AlF gebunden sein. Unter vielen sei hier als Beispiel Olivin $(Mg,F)_2SiO_4$ erwähnt. Analog sind z. B. von Phosphaten Triphylin $FeLiPO_4$, von Sulfaten β-K_2SO_4, weiter Na_2BeF_4.

Gruppensilikate. Zwei der SiO_4-Tetraeder (139b) können sich zur Gruppe $Si_2O_7^{-6}$ zusammenschließen, die Bindung der Valenzen und damit die Vereinigung zum Gitter erfolgt z.B. durch 2Sc (im Thortveitit) oder 3Ca (im $Ca_3Si_2O_7$). Analog ist das Magnesiumpyrophosphat $Mg_2P_2O_7$.

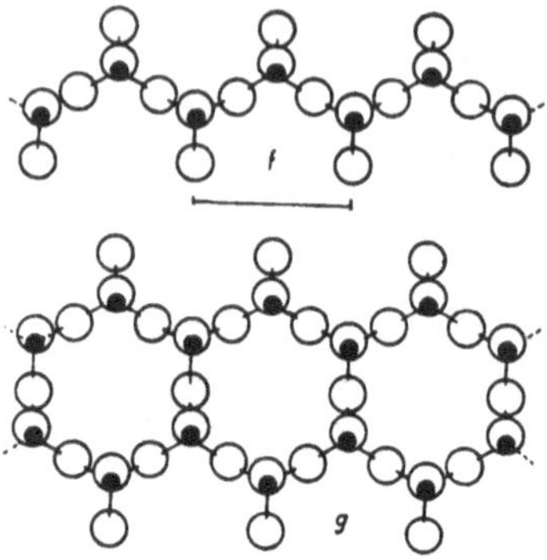

Abb. 139 f, g

Ringsilikate. 3, 4 oder 6 SiO_4-Tetraeder sind zusammengeschlossen zu Ringen (139 c, d, e), wobei immer 2 O gleichzeitig zu den Nachbartetraedern gehören, die 2 anderen die Valenzträger sind (−6, −8, −12 Valenzen). Einen 3er-Ring hat z. B. Dioptas $Cu_3Si_3O_9 \cdot 3H_2O$, 4er-Ring $Al_4P_4O_{12}$, 6er-Ring Beryll $Be_3Al_2Si_6O_{18}$.

Ketten- und Band-Silikate. Die Tetraeder ordnen sich in unendlichen Ketten $n \cdot SiO_3^{-2n}$ oder in verbundenen Doppelketten (Bändern) Si_4O_{11} (139f, g). Die Bandanordnung bedingt morphologisch strahlig-faserige Entwicklung und starke Festigkeit in der Faseraxe. Kettensilikate sind die Pyroxene, z. B. $CaMgSi_2O_6$, Bandsilikate die Hornblenden, z. B. $Ca_2Mg_5Si_8O_{22}(OH)_2$.

Blattsilikate. Die Nebeneinanderreihung der Bandsilikate geht unendlich weiter; es entstehen Blätter, in denen die Valenzen alle nach einer Richtung schauen mit $Si_4O_{10}^{-4}$ (139h). Die Blätter sättigen sich ab durch Mg oder Al (unter gleichzeitigem Hinzutritt von (OH)) in sehr verschiedener Weise; z. B. dadurch, daß von Mg oder Al in spiegelbildlicher Stellung ein zweites Blatt darüber angebaut wird (so im Talk, $Mg_6(OH)_4$

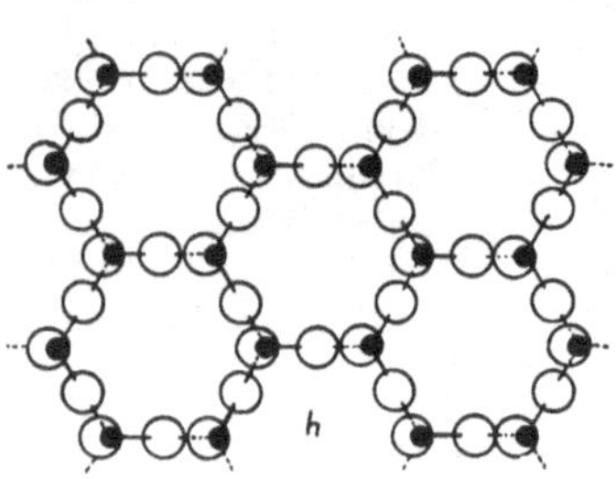

Abb. 139h

Si_8O_{20}), oder daß das Blatt durch Al abgeschlossen wird und ein neues folgt (Kaolin, $Al_4(OH)_8Si_4O_{10}$).

Gerüstsilikate. Alle 4 O des Tetraeders sind am Bau der Nachbartetraeder beteiligt; die Formel wäre $n \cdot SiO_2{}^{\pm 0}$, also eine solche Struktur nur bei SiO_2-Modifikationen zu erwarten. Da hier aber die Gerüste recht locker sind, kann Al (selten auch Fe^{III} u. a.) Si im Tetraeder ersetzen, was im beschränkten Umfang bes. bei hoher Bildungstemperatur schon bisher möglich war. Für jedes Al tritt wieder eine negative Valenz auf, die z. B. durch in den lockeren Gerüsten Platz findende Alkalien gesättigt wird. Solche Verbindungen sind z. B. Cristobalit (139i), Tridymit, Nephelin $Na[AlSiO_4]$ als substituierter Tridymit Si_2O_4, Leucit $K[AlSi_2O_6]$ als substituierter Cristobalit usw. Wichtig sind besonders die Feldspate $K[AlSi_3O_8]$ und $Ca[Al_2Si_2O_8]$.

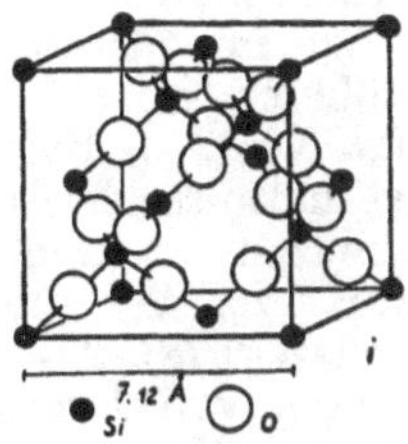

Abb. 139 i

Das meiste kann hier nur angedeutet werden; die Vielgestaltigkeit in natürlichen und künstlichen Gliedern ist sehr viel höher.

III. Polymorphie

Die Ausführungen über Atom- und Ionenradien (S. 11) scheinen zunächst im Widerspruch zu stehen mit der seit Mitscherlich bekannten Tatsache, daß viele, wenn nicht die meisten Substanzen nicht nur in einer, sondern in mehreren Kristallarten vorkommen: so $CaCO_3$ rhomboedrisch als Kalkspat, o'rhombisch als Aragonit, TiO_2 als Rutil, Anatas, Brookit, SiO_2 gar als Tiefquarz (D_3), Hochquarz (D_6), Hochtridymit (D_{6h}), Tieftridymit (D_{2h}), Hochcristobalit (T_d), Tiefcristobalit (D_4). Diese Substanzen sind „polymorph".

Es gibt dabei verschiedene, nicht scharf abgrenzbare und hier nicht sämtlich zu besprechende Möglichkeiten.

a) Schon bei völlig gleich dichter Raumerfüllung, z. B. bei hexagonal bzw. kubischer „dichtester Kugelpackung" (vgl. S. 66) können verschiedene Anordnungen vorliegen, bei Lockerpackungen nehmen diese Möglichkeiten schnell zu (Zinkblende-Wurtzit). b) Weiter können bei prinzipiell gleichem Gitter 2 Kationen gesetzmäßig verteilte Plätze einnehmen oder statistisch verteilt sein. Der Umsprung in statistische Verteilung bedeutet oft Symmetrieerhöhung und erfolgt bei erhöhter Temperatur (z. B. Hoch- und Tiefzinnkies). Eine Untergruppe bilden Fälle, wo ganze Baugruppen (Radikale) bei niedriger Temperatur eine gesetzmäßige Lage im Gitter besitzen (wie CO_3 im Kalkspat), bei höherer aber nur ihren Schwerpunkt beibehalten ($NaNO_3$). c) Schließlich kommen aber auch Radienverhältnisse der Ionen vor, die in der Nähe der Toleranzgrenzen zwischen verschiedenen Koordinationszahlen, z. B. der 6er und 8er Umgebung liegen (Grenzwert genau 0,78). Dann kann, bedingt durch Verschiedenheiten von Druck oder Temperatur einmal die eine, einmal die andere Form auftreten.

Erscheinungsmäßig sind in den Gruppen a und b die Eigenschaften, z. B. Dichte, Härte, Brechungsindices sehr ähnlich, die Umwandlung von einer in die andere Form erfolgt hin und zurück leicht bei bestimmter Temperatur[1]). Bei c und auch schon bei einigen Zwischengliedern haben beide Formen sehr verschiedenen Energieinhalt, so daß die Eigenschaften erheblich differieren. Eine einmal gebildete Form wandelt sich nur ungern, d. h. mit starker Verzögerung, oft erst beim Feinpulvern oder mit Katalysatoren in die andere um. Besonders trifft das für die Sonderfälle zu, wo nicht nur Koordinationszahl, sondern auch Bindungscharakter geändert wird (Graphit-Diamant, weißes Zinn-graues Zinn).

Im allgemeinen ist von den verschiedenen polymorphen Modifikationen einer Verbindung jeweils in

[1]) In einigen Fällen (SiC) tritt anscheinend rein zufällig unter genau gleichen Bedingungen und nebeneinander die eine oder die andere Form auf.

einem bestimmten Temperatur- und Druckbereich nur eine stabil. Bei Abkühlung (Erhitzung, Pressung) wird sie instabil und wandelt sich nach Durchlaufen des „Umwandlungspunktes" in die dann beständige um und bei Erwärmung wieder umgekehrt („reversible" oder „allotrope" Umwandlung). Sie erfolgt in den Gruppen a und b prompt und ohne Verzögerung (Tiefquarz $\rightleftharpoons$ Hochquarz), bei c kann sie äußerst langsam erfolgen, ja die instabile Form sich über geologische Zeiten halten. Dann kann es fast unmöglich sein, die wahren Stabilitätsbeziehungen festzulegen.

Es gibt auch Fälle, wo eine („metastabile") Modifikation entsteht, die überhaupt kein Stabilitätsgebiet hat. Sie kann zwar beliebig lange haltbar sein, wird aber bei einmal einsetzender Umwandlung einseitig, nicht reversibel, in die stabile übergehen („monotrope" Umwandlung). — Bezeichnet wird eine reversible Umwandlung mit $\leftrightarrows$ und beigeschriebener Temperatur, eine monotrope, bei der korrekt keine Umwandlungstemperatur, nur die merkbarer Umwandlungsgeschwindigkeit angegeben werden kann, mit $\rightarrow$, z.B. also α-Quarz $\overset{870^\circ}{\leftrightarrows}$ α-Tridymit, bzw. Aragonit $\overset{400^\circ}{\rightarrow}$ Kalkspat.

Häufig ist, bei allen Gruppen, zu beobachten, daß eine höhersymmetrische Hochtemperaturmodifikation bei Umwandlung äußerlich die alte Form beibehält, aber mikroskopisch in ein Haufwerk von polysynthetischen Zwillingslamellen (s. S. 57) der Tieftemperaturmodifikation zerfällt. Das ist der Fall bei α-Leucit $\overset{605^\circ}{\leftrightarrows}$ β-Leucit usw. Manchmal ist die Grenze gegen die bereits durch Wachstum mimetisch höhersymmetrisch erscheinenden Zwillinge nicht leicht zu ziehen.

IV. Metall-, Covalent-, Ionen-, Molekül-Bindung

Schon bei der Erwähnung der Atom- und Ionenradien und im Abschnitt über die Gittertypen wurde mehrfach schon der „Bindungstyp" vorweggenommen. Die Bindung im Gitter erfolgt durch Elektronen oder durch schwache „van der Waals'sche" Kräfte. Die Atome als Bausteine selbst treten z.B. in den reinen Metallen auf; in der „metallischen Bindung" sind Ladungsträger „freie" Ionen, die ohne bestimmte Lage zu den Atomplätzen wie ein Gas im Gitter vorliegen (z.B. Kupfer). Bei der „Covalent"- oder „homoiopolaren" Bindung sind die Elektronen in bestimmter fester Lage. Diese Gitter sind im Idealfall Isolatoren (Idealfall: Diamant). Bei Ionengittern liegen die Elemente im ionisierten Zustand vor, die Bindung ist durch die wechselseitige Absättigung positiv-negativ von Anion und Kation gegeben (z.B. Steinsalz). Als letztes sind zu nennen die Molekülbindungen, wo in sich abgesättigte Gruppen, nur lose verknüpft durch „van der Waals'sche" Kräfte, die Bausteine bilden. Sie sind meist weich, haben niedrigen Schmelzpunkt, sind durchsichtig und oft in organischen Lösungsmitteln löslich (z.B. Schwefel, Zucker, feste Kohlensäure). — Die Abtrennung dieser 4 Gruppen ist nicht immer leicht, besonders da alle Übergänge bestehen, so daß man versucht hat, die Variationsmöglichkeiten in Tetraederform darzustellen. Eine Zwischenstellung nehmen die Sulfide ein, bei denen z.B. die Reihe Zinkblende-Fahlerz-Zinnkies-Kupferkies auf der Tetraederlinie covalent-metallisch sich zunehmend dem letzteren nähert. Dabei nimmt das metallische Aussehen und die Halbleitereigenschaft zu. Es gibt sogar Fälle, wo in verschiedener Richtung verschiedener Bindungscharakter im selben Mineral vorliegt (z.B. Graphit).

Der Bindungstyp hat mit dem Gittertyp prinzipiell nichts zu tun.

V. Mischkristallbildung

Schon S. 12 wurde ausführlich auf die Mischkristallbildung eingegangen und gezeigt, daß in vielen Fällen der Atom- oder Ionenradius entscheidender ist als z.B. das chemisch analoge Verhalten entsprechender Gitterpartner, also z. B. daß Na nicht durch Li, wohl aber durch Ca vertreten werden kann, sobald ein anderer Gitterbestandteil den Valenzausgleich besorgt. Von den dort angegebenen Bedingungen: Ähnlichkeit der Gittermetrik, gleicher Bindungstyp, analoge Formel und Gitterbau (Isotypie) gibt es aber außerdem besonders bei Kristallen hoher Bildungstemperatur viele Abweichungen. Man spricht von „anomalen Mischkristallen“. So kann z. B. die Metrik erheblich verschieden sein. Solche Mischkristalle können sich bei sinkender Temperatur „entmischen“, d.h. in zwei Komponenten zerfallen. Oder es kann das Formelbild ein verschiedenes sein: CaF_2 ist z. B. in der Lage, etwa 20% YF_3 aufzunehmen. Y vertritt hier das Ca, F wird überzählig an „vakanten Gitterplätzen“ eingebaut („Additionsmischkristalle“). Auch der umgekehrte Fall, daß zum Valenzausgleich beim Eintritt höherwertiger Kationen andere Kationenplätze leerbleiben, ist häufig; bei sinkender Temperatur kann wieder Entmischung eintreten. Ähnliches trifft bei Abweichung im Bindungstyp und Gittertyp zu. Anomale Mischkristallbildung bedingt gelegentlich kaum vorauszusagende Tarnungen, z. B. ein „Mitausfallen“ in chemischen Fällungen.

Die physikalischen Eigenschaften der Kristalle
(im engeren Sinn)

Neben der S. 34 bis 55 besprochenen morphologischen Entwicklung der kristallisierten Körper verrät den Gitterbau weiter eine Reihe von Eigenschaften, die charakteristisch gesetzmäßig von der Richtung abhängig sind. Sie heißen vektoriell, während die ihrem Wesen nach von der Richtung unabhängigen (Dichte oder spez. Wärme) skalar genannt werden. Noch eng mit der Morphologie verknüpft sind die Kohäsionseigenschaften; von großer Bedeutung in theoretischer Hinsicht wie zur Diagnose ist die

Kristalloptik, besonders weil sie Analogieschlüsse z.B. auf Leitvermögen für Wärme und elektrischen Strom zuläßt. Die xx besitzen für die physikalischen Eigenschaften mindestens die Symmetrie, die ihnen geometrisch zukommt.

Das Folgende gibt nur Hinweise aus wenigen Gebieten; für jede gründlichere Unterrichtung sei auf die Lehrbücher (S. 5) hingewiesen.

Kohäsion

Spaltbarkeit. Besonders auffallend sind die Unterschiede, die ein Kristall im Zusammenhalt seiner Teilchen in verschiedener Richtung zeigt. Das macht sich in besonders leichter Teilbarkeit parallel zu gewissen Kristallflächen bemerkbar. Die „Spaltflächen" sind zu starkbesetzten, d.h. niedrig indizierten Netzebenen parallel, die dann auch relativ großen Abstand haben. Mehrere Faktoren wirken zusammen; außer großem Netzebenenabstand ist z.B. wesentlich, daß die Netzebene (oder ein Netzebenenpaket) in sich elektrostatisch abgesättigt ist, daß bei kleinen Verschiebungen zunächst entgegengesetzte Ladungskräfte auf gleichartige, d.h. sich abstoßende treffen usw. — Sehr oft zeigen Kristalle mehrere Spaltbarkeiten, teils symmetriebedingt von gleicher, teils von verschiedener Güte. Die „Vollkommenheit" der Spaltung ist am verschiedenen Grad der Glätte, des Glanzes, des Aussehens der Spaltflächen überhaupt erkennbar. Sie wird mit einer qualitativen Skala: „höchst vollkommen" bis „angedeutet" in 6—7 Stufen bezeichnet. Beim kubischen Steinsalz sind die drei Spaltbarkeiten gleich vollkommen, da sie den zusammengehörenden Flächen des Würfels entsprechen, während die drei ebenfalls aufeinander senkrechten Spaltbarkeiten des o'rhombischen Anhydrits zwar alle gut, aber doch erheblich verschieden in Glanz und Glätte sind. Sie entsprechen den x'graphisch verschiedenen Pinakoiden (010), (100), (001).

Einige Beispiele aus verschiedenen Systemen sind: Im kubischen System: Würfel {100}, besonders häufig (Bleiglanz, Steinsalz, Periklas),

Oktaeder {111} (Flußspat, Magnetit),

Rhombendodekaeder {110} (Zinkblende, Sodalith);

tetragonal: Basis {001} (Apophyllit, Uranglimmer),

Prisma {110} (Rutil);

hexagonal: Basis {0001} (Graphit, Covellin),

Prisma $\{10\bar{1}0\}$ (Nephelin, Apatit);

rhomboedrisch: Rhomboeder $\{10\bar{1}1\}$ (Kalkspat),

Prisma $\{11\bar{2}0\}$ (Wismut);

orthorhombisch: Pinakoide {001} (Topas, Baryt),

{001}, {010}, {100} (Anhydrit),

Prisma {110} (Hypersthen, Baryt);

monoklin: Seitl. Pinakoid {010} (Gips, Orthoklas),

Basis {001} (Orthoklas, Glimmer, Talk),

Prisma {110} (Hornblende);

triklin: Hier ist die Aufstellung im allg. umgekehrt so gewählt, daß die Spaltbarkeiten Pinakoide werden.

Einige Erläuterungen scheinen zweckmäßig: Im Steinsalzgitter bestehen die Ebenen (111) aus abwechselnd Na- und Cl-Ionen; jede Ebene ist also mit der nächsten besonders fest verknüpft. In jeder (100)-Ebene sind dagegen gleichviel Na^{+1} und Cl^{-1} enthalten, die Ebene ist, besonders weil sie von der nächsten besonders weit $\left(\frac{a}{2}\right)$ entfernt ist, als Spaltfläche geeignet. Es kommt hinzu, daß bei ganz schwacher Verschiebung in Richtung [010] Na^{+1} auf Na^{+1} und Cl^{-1} auf Cl^{-1} trifft, die sich mit großer Kraft abstoßen, was die Spaltbarkeit begünstigen wird. — Liegen ganz in sich gesättigte und gleichzeitig weit entfernte Ebenen vor, wie bei (0001) des Graphits, so ist die nächste Ebene nur durch geringste Kräfte festgehalten. Die Teilbarkeit ist dann zwar sehr gut, erfolgt aber unter Verbiegung, ja förmlichem Verschmieren.

Gleitflächen. Außer den Spaltflächen gibt es in vielen xx Netzebenen, in denen eine besonders leichte

Verschiebung der Gitterteilchen stattfindet. Auch sie sind bevorzugte niedrig-indizierte Flächen.

Die Verschiebung kann in zweierlei Weise erfolgen:

1. „Einfache Schiebung". Der verschobene Teil des x ist zu dem unverschobenen in gesetzmäßiger Lage in Zwillingsstellung. Die Flächen werden also durch die Verschiebung um einen bestimmten Winkelbetrag in ihrer Lage geändert. In Abb. 140 ist der „Baumhauersche Versuch" an Kalkspat dargestellt; der punktierte x-Teil ist durch Eindringen eines Messers in Zwillingsstellung nach (01$\bar{1}$2) gebracht. Ein großer Teil der erwähnten „polysynthetischen" Zwillinge (Kalkspat!) geht wohl auf solche einfachen Schiebungen zurück. Weitere Beispiele: Eisen (Zw.Ebene 2$\bar{1}$1), Eisenglanz {10$\bar{1}$1}, Kupferkies {111}.

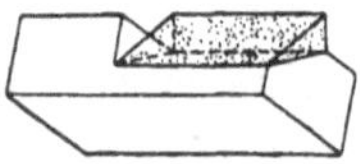

Abb. 140

2. Bei „Translation" (Abb. 141) dagegen erreicht die Verschiebung ganz willkürliche Beträge; festliegend ist nur die Ebene, auf der die Verschiebung erfolgt (Translationsebene) und eine Richtung in dieser (Translationsrichtung). Häufig sind in xx mehrere Translationenebenen vorhanden; sie lassen sich dann verbiegen, tordieren und u. U. plastisch umformen. Typische Beispiele sind Steinsalz (Tr.Eb. {110}), Eis {0001}, Antimonit {010} und die meisten Metalle, besonders die Edelmetalle, aber nicht Eisen.

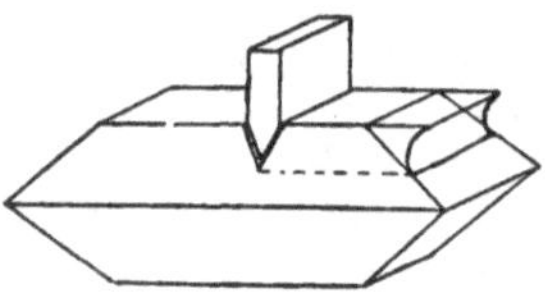

Abb. 141

Bei 1. machen im einfachsten Fall alle Gitterteile einen dem Abstand von der Gleitfläche proportionalen parallelen Weg, z.B. bei Wismut (10$\bar{1}$4). Bei komplizierteren Gittern, z.B. Kalkspat, gilt das nur für die Schwerpunkte der CO_3-Gruppen; die O-Atome machen einen komplizierten Weg, eine Schraubenlinie („Nichtgitterschiebungen").

Bei 2. ist noch zu bemerken, daß bei gewissen sehr ausgesprochenen Schichtgittern mit großem Netzebenenabstand die Translationsrichtung in der Tr.Eb. beliebig sein kann (Graphit), daß aber bei anderen diese Richtung streng eingehalten werden muß (Antimonit). Es kommt vor, daß auch Richtung und Gegenrichtung durchaus verschieden sein können, sobald die Symmetrie das nicht ausschließt[1]).

Die Bedeutung der Gleiterscheinung an Kristallen ist außerordentlich. Das Heiß- und Kaltwalzen, ja jede mechanische Beformung der Metalle geht auf sie zurück.

In diesenBereich gehören auch die Schlag- und Druckfiguren, die, oft für die betr. Mineralart charakteristisch, durch Einschlagen oder Eindrücken einer Nadel herbeigeführt werden können.

Die optischen Eigenschaften der Kristalle[2])

Allgemeines. Das Licht ist eine elektromagnetische Wellenbewegung. Sie kann anschaulich mit den Gesetzen der Wellenbewegung verglichen werden, wenn man als Medium einen, durchaus hypothetischen, „Lichtäther“ annimmt, dessen „Teilchen“ von der Wellenbewegung erfaßt werden. Die Schwingungen sind transversal, d.h. in einer Ebene senkrecht zur Fortpflanzungsrichtung. In dieser Ebene erfolgen die Schwingungen in allen Richtungen. Der Ausschlag der Schwingung, die Amplitude, bedingt die Intensität des Lichts. Durch verschiedene Vorrichtungen kann man die Schwingung auf eine Ebene beschränken; solches Licht heißt polarisiert. Die Ebene der Schwingungen heißt Schwingungsebene, die dazu senkrechte Polarisationsebene.

Die Fortpflanzungsgeschwindigkeit g des Lichtes im leeren Raum (oder „Äther“) beträgt 300000 km je

---

[1]) D.h. Tr.Richt. nicht $\perp$ einer Symmetrieebene steht.

[2]) Zu einer etwas genaueren Unterrichtung ist das Bändchen 619 dieser Sammlung: Einführung in die Kristalloptik von E. Buchwald zu empfehlen.

Sekunde, die Wellenlänge (λ) des sichtbaren Lichtes etwa 380 (Violett) bis 760 (äußerstes Rot) mμ, d.h. etwa $\frac{1}{2000}$ mm. Die Schwingungszahl (Z) je Sekunde demgemäß nach $g = Z \cdot \lambda$ etwa 600 Billionen.

In anderen Medien, insbesondere Kristallen, ist g kleiner und mit λ verschieden. Die Ausbreitung ist eine vektorielle Eigenschaft. In amorphen Medien und in kubischen Kristallen ist sie nach allen Richtungen gleich, in allen nichtkubischen ist sie mit der Richtung verschieden. Erstere heißen optisch isotrop, letztere anisotrop.

Werden von einem Punkte innerhalb eines Mediums Strahlen nach allen Richtungen ausgesendet, so werden sie nach einer bestimmten, außerordentlich kurzen Zeit auf einer geschlossenen Oberfläche angelangt sein, der Strahlenfläche (auch Strahlengeschwindigkeitsfläche). Über ihre Form s. S. 84.

Gesetze der Brechung. Pflanzen sich mehrere Wellen in paralleler Richtung fort, so ist die Wellenfront, die Tangentialfläche an die einzelnen Wellen, eine Ebene. Nach Huygens läßt sich das Gesetz der Brechung ableiten:

Treten die Strahlen S_1—S_2 (Abb. 142) aus dem oberen Medium in das unter MM' gelegene „optisch dichtere“ über, so pflanzen sie sich dort mit geringerer Geschwindigkeit fort und werden nach dem Einfallslot hin gebrochen.

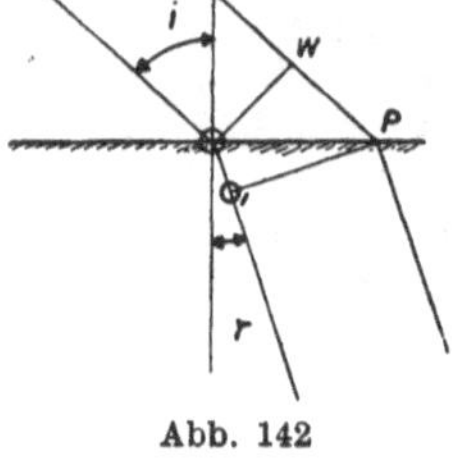

Abb. 142

Das erklärt sich so: S_1—S_2 bilden die Wellenfront $O\,W$. Beim Eintreffen in O erzeugt S_1 in dem unteren Medium eine neue Teilwelle; ebenso geschieht das, etwas später, für S_2 in P. Da nun die Fortpflanzungsgeschwindigkeit im unteren Medium kleiner ist, wird die neue

Wellenfront nach dem Einfallslot --- zu abbiegen und entsprechend die Senkrechte auf der Welle, die „Wellennormale" ebenso. In der Zeit, in der S_2 den Weg WP zurücklegt, macht S_1 den Weg OO_1. Die Geschwindigkeiten v und v_1 in den beiden Medien verhalten sich also wie diese beiden Längen[1]. $\frac{WP}{OO_1} = \frac{v}{v_1}$, hierin ist $WP = \sin i \cdot OP$ und $OO_1 = \sin r \cdot OP$, also: $\frac{v}{v_1} = \frac{\sin i}{\sin r}$. Der Sinus des Einfallswinkels verhält sich also zum Sinus des Brechungswinkels wie die Fortpflanzungsgeschwindigkeit im ersten zu der im zweiten Medium. Bei isotropen Medien bleibt der gebrochene Strahl in der Einfallsebene.

Das Verhältnis $\frac{v}{v_1}$ wird auch Brechungsquotient, Brechungsindex oder Brechungszahl genannt und mit n bezeichnet. v im leeren Raum wird $= 1$ gesetzt, demnach gibt $n = \frac{1}{v_1}$ direkt den reziproken Wert der Fortpflanzungsgeschwindigkeit im optisch dichteren Medium. In Luft ist statt 1 etwa 1,0005 zu setzen; man kann also ohne großen Fehler sich auf Luft statt auf das Vakuum beziehen.

Die Werte für n schwanken zwischen etwa 1,3 (Eis und einige Fluoride) bis etwa 2,5 (Diamant und Zinkblende) und gehen für einige fast undurchsichtige Sulfide bis 3, ja 4 hinauf.

Wenn, wie in unserem Fall, der Strahl vom dünneren Medium ins dichtere eintritt, so wird er zum Einfallslot zu gebrochen, d. h. $i > r$. Umgekehrt (Abb. 143) wird aus dem dichteren kommendes Licht vom Einfallslot weg gebrochen. Das hat aber

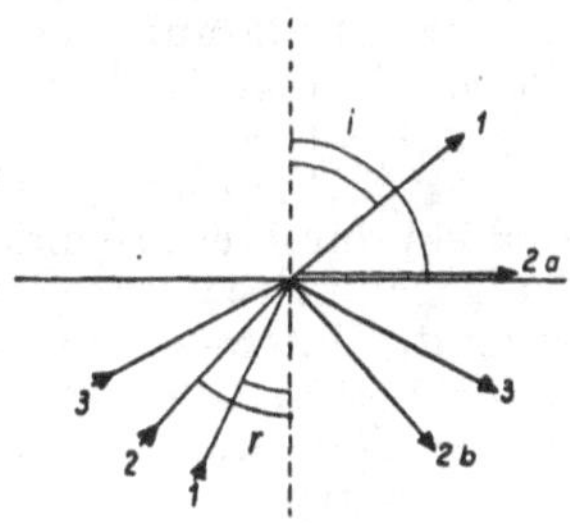

Abb. 143

[1]) Analog kann das ja allgemein bekannte Reflexionsgesetz abgeleitet werden.

eine Grenze, dann nämlich, wenn der Winkel im dünneren Medium 90° erreicht, d.h. das Licht streifend austritt. Alle Strahlen flacher als 2 treten überhaupt nicht mehr aus, sondern werden total reflektiert. 2 ist also der „Grenzstrahl" der „totalen Reflexion". Hier gilt die Beziehung $\frac{\sin 90^\circ}{\sin r} = \frac{1}{\sin r} = n$.

Das wird bei dem Totalreflektometer, das Grenzwinkel der totalen Reflexion an kleinen Kristallplatten oder Flüssigkeitstropfen zu messen erlaubt, angewendet. Die Methode hat gegenüber der gewöhnlichen Prismenmethode den Vorzug, daß man an einer Platte parallel zu zwei Hauptdimensionen der optischen Bezugsflächen alle Hauptbrechungsindices feststellen kann, während mit der Prismenmethode dazu 2 Prismen nötig sind.

Dispersion. Im leeren Raum pflanzt sich Licht aller Wellenlängen (auch andere Strahlungen!) gleichschnell fort. In anderen Medien ist das nicht der Fall; sie haben für Licht verschiedener Wellenlängen verschiedene Brechungsindices. Weißes Licht kann durch sie zu einem Spektrum dispergiert werden: rot mit der größten Wellenlänge wird meistens am wenigstens abgelenkt, violett am stärksten. Die Dispersion oder das Farbzerstreuungsvermögen ist für verschiedene Substanzen sehr verschieden, beim Diamant mit $n_{\lambda 688} = 2{,}408$, $n_{\lambda 430} = 2{,}451$, recht hoch (das Farbspiel des Brillanten beruht z.T. darauf!), bei Kalktongranat verschwindend klein. Extrem hoch ist die Dispersion von Covellin mit $n_{\text{rot}} \sim 1$, n_{violett} 1,9!

Doppelbrechung. Altbekannt ist die Beobachtung, daß ein durch ein rhomboedrisches Spaltungsstück von Kalkspat betrachteter leuchtender Punkt doppelt erscheint. Untersucht man die Lage der beiden Bilder (Abb. 144) genauer, so bemerkt man, daß das eine (*O*) in der Richtung des senkrecht einfallenden Strahles liegt, während das andere (*E*) in der Richtung der kurzen Diagonale der Rhomboederfläche abgelenkt ist. Dreht man nun den Kalkspat um die Senkrechte dieser Fläche (d.h. um die Strahlenrichtung), so bleibt das

Bild *O* stehen, während *E* um dieses herumwandert. Die Ablenkung erfolgt immer in Richtung der kurzen Diagonale, im „optischen Hauptschnitt“, der

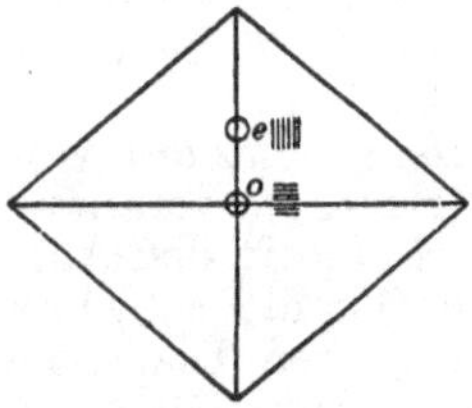

Abb. 144

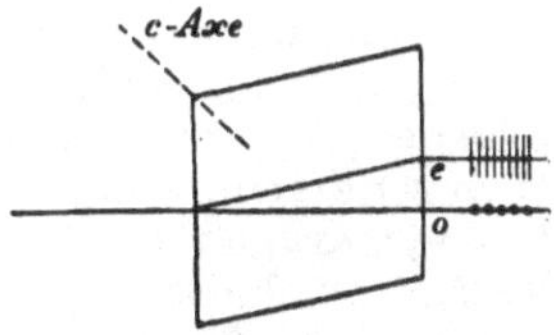

Abb. 145

Ebene, die durch den einfallenden Strahl und die Hauptaxe des Kristalls bestimmt ist. In Abb. 145 sieht man, daß der senkrecht einfallende Strahl *s* in 2 zerlegt wird, wovon der eine *O* dem Brechungsgesetz entsprechend gerade hindurchgeht, während *E* abweichend davon im Hauptschnitt abgelenkt wird. Man nennt den ersten den ordentlichen, *E* den außerordentlichen Strahl. — Fällt der Strahl *s* schief auf die Rhomboederfläche, so erfolgt wiederum eine Zerlegung in 2 Strahlen (Abb. 146), von denen *O* dem Brechunssgesetz folgend in der Einfallsebene bleibt, während *E* im Hauptschnitt des Kristalls abgelenkt wird, also nur dann in der Einfallsebene bleibt, wenn diese (wie Abb. 146) zufällig im Hauptschnitt liegt.

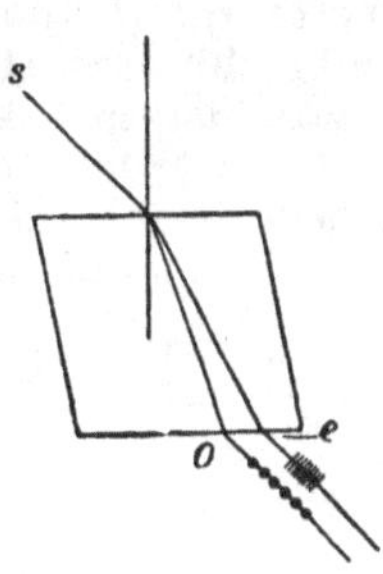

Abb. 146

Diese Zerlegung des einfallenden Strahles, die sogenannte Doppelbrechung, erfolgt nun bei allen nichtkubischen Kristallen. Anisotrop sind also die tetragonalen und hexagonalen, die o'rhombischen, monoklinen und triklinen xx. Die ersten beiden haben aber (wie der Kalkspat) eine Richtung, in der sie sich wie isotrope Körper verhalten, also nicht anisotrop sind. Diese Richtung ist die der kristallographischen Hauptaxe, die man demgemäß auch als „optische Axe“ bezeichnet. Tetragonale und hexagonale xx sind „optisch einaxig“. Durch eine Basisplatte des Kalkspat betrachtet, wird der leuchtende Punkt einfach erscheinen.

Die beiden Strahlen *O* und *E* haben nicht nur verschiedene Fortpflanzungsgeschwindigkeit, sondern sind auch senkrecht zueinander polarisiert, wie in den Abb. 145/46 markiert. Der außerordentliche Strahl *E* schwingt im Hauptschnitt, d.h. parallel der kurzen Diagonale der Kalkspatfläche, der ordentliche *O* senkrecht dazu.

Optisch einaxige Kristalle

Strahlenfläche[1]) einaxiger xx. Für isotrope Medien ist die Fortpflanzungsgeschwindigkeit für alle Richtungen gleich, die Strahlenfläche (und jede andere Bezugsfläche!) damit eine Kugel. In optisch einaxigen xx ist das für den ordentlichen Strahl *O* ebenso; für *E* dagegen ist die Strahlengeschwindigkeit mit der Richtung verschieden. In Richtung der *c*-Axe sind die Werte für *O* und *E* immer gleich; bei Kalkspat ist senkrecht dazu der Wert für *E* größer als für *O*, bei Quarz dagegen kleiner. Bei genauerer Untersuchung stellen wir fest, daß alle Werte für den außerordentlichen Strahl auf einem Rotationsellipsoid liegen, das bei Kalkspat die Kugel für *O* umgibt („optisch negativ“), bei Quarz dagegen in ihr liegt („optisch positiv“). Wie die Abb. 147 u. 148 zeigen, sind also die „Strahlengeschwindigkeitsflächen“, kurz „Strahlenflächen“, zweischalige Flächen.

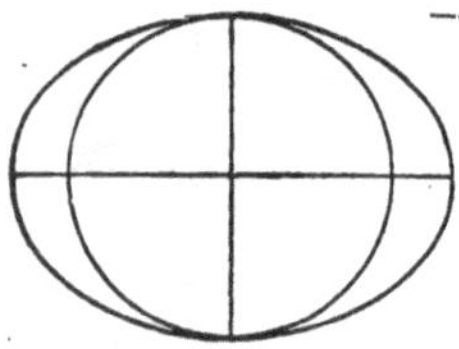

Abb. 147

Die Strahlenfläche ist zwar anschaulich, wegen der Unmöglichkeit der direkten Messung der Strahlen-

[1]) Nach Huyghens; *Fresnel* nennt sie Wellenfläche — diese doppelte Bezeichnung zieht sich sinnstörend durch die ganze Literatur!

geschwindigkeit aber wenig brauchbar. Man ersetzt sie besser, schon um Fehlschlüsse zu vermeiden, durch die „Normalenflächen", eigentlich „Wellennormalengeschwindigkeitsflächen", wo man statt der Strahlen jeweils die dazugehörigen Wellennormalen einführt. Ihre Fußpunkte (n_1 usw.), die man als durch den Mittelpunkt gehende Lote der Tangenten an die Strahlenfläche findet, ergeben ein eigenartiges Rotations-Ovaloid (für einen Quadranten ist die Konstruktion in Abb. 149 ausgeführt), das aber den Vorzug hat, daß in allen Richtungen die Werte jeweils den leicht bestimmbaren Brechungsquotienten reziprok sind.

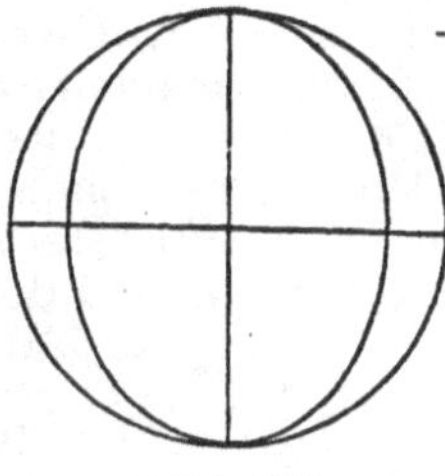

Abb. 148

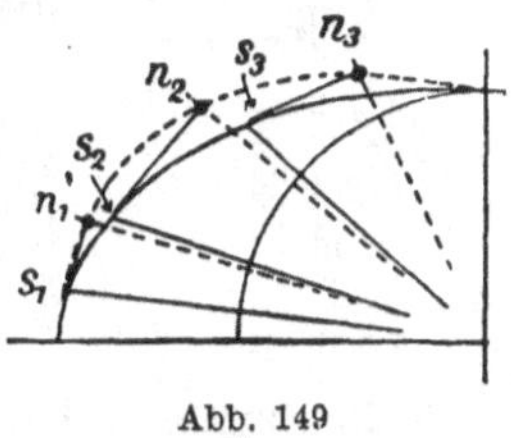

Abb. 149

Die Abweichungen des Ovals von der Ellipse sind meist klein, dürfen aber bei größeren Doppelbrechungen keineswegs vernachlässigt werden. In einigen Fällen extremer Doppelbrechung werden sie sehr auffällig.

Wir kennen also diese Flächen und auf dem Umweg über sie auch die Strahlenflächen, wenn wir die Hauptbrechungsindices, n_O (auch ω oder n_ω) für den ordentlichen und n_E (ε oder n_ε) für den außerordentlichen Strahl in der Richtung senkrecht zur optischen Axe kennen. Für Kalkspat ist n_O (für Na-Licht) $= 1{,}6583$, $n_E = 1{,}4864$. Der Wert $n_E - n_O$ heißt Stärke der Doppelbrechung (auch $\triangle_n$); er ist hier also negativ (und vergleichsweise sehr hoch). Ist $n_O < n_E$ wie bei Quarz ($n_O = 1{,}5442$, $n_E = 1{,}5533$), so nennt man die Doppelbrechung positiv.

Polarisationsinstrumente. Die Unterscheidung von einfach- und doppelbrechenden Medien sowie die Beobachtung gewisser charakteristischer Erscheinungen an letzteren geschieht im polarisierten Licht. Polarisiertes Licht kann auf verschiedenen Wegen erhalten werden:

1. durch Reflexion oder Brechung. Bei der Reflexion ist immer ein Teil des Lichtes polarisiert, am vollkommensten, wenn der Einfallswinkel einem für jeden Brechungsindex charakteristischen Polarisationswinkel p (Brewster'scher Winkel) entspricht. Es gilt zwischen ihm und dem zugehörigen Brechungswinkel p' die Beziehung, daß $\sin p' = \cos p$ ist, d.h. wenn Einfallswinkel und Brechungswinkel zusammen 90° betragen. Diese Beziehung kann dazu dienen, bei schwer durchsichtigen Mineralien den Brechungsindex zu bestimmen. Das reflektierte Licht schwingt senkrecht zur Einfallsebene, das gebrochene in ihr (Abb. 150). Durch wiederholte Brechung an einem Glasplattensatz wird die Polarisation vollkommener.

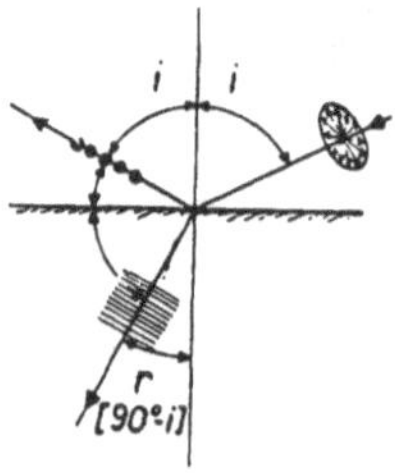

Abb. 150

2. Bequemer erhalten wir polarisiertes Licht mit Hilfe doppelbrechender xx. Die beiden durch Doppelbrechung entstehenden Strahlen sind senkrecht zueinander polarisiert (S. 79). Wir müssen also nur dafür sorgen, daß einer davon vernichtet wird. Das übrigbleibende Licht schwingt dann nur in einer Richtung. a) Bei manchen Varietäten des Turmalins wird der außerordentliche Strahl wenig, der ordentliche fast völlig absorbiert. Geht also senkrecht zur optischen Axe Licht durch ein Turmalinblättchen, so tritt nur der im Hauptschnitt schwingende außerordentliche Strahl aus. Durch ein zweites, parallel gestelltes Blättchen dieser Art geht dieses Licht ohne wesentliche Absorption hindurch. Drehen wir aber den zweiten Turmalin um 90°, so stehen die Schwingungen der von beiden Plättchen durchgelassenen Wellen senkrecht zueinander, d.h. das vom ersten durchgelassene Licht wird vom zweiten absorbiert, das Gesichtsfeld wird dunkel. Diese „Turmalinzange" wurde früher viel gebraucht, ist aber heute durch die im Prinzip ganz analogen, leicht

in beliebiger Größe herstellbaren dünnen Folien von Herapatit, einem Jodsalz des Chininsulfats, die unter verschiedenen Namen gehandelt werden, ersetzt.

b) Sie sind z.T. in der Lage, die bekanntesten Polarisatoren, die aus farblosem Kalkspat hergestellten Nicol'schen Prismen (kurz „Nicols"), zu ersetzen.

Ein Nicol wird so hergestellt: Man spaltet aus möglichst klaren Kalkspat ein Rhomboeder heraus, dessen Hauptschnitt *ABCD* in Abb. 151 dargestellt ist. Die oberen und unteren Endflächen werden so abgeschliffen, daß sie mit den vertikalen Kanten einen Winkel von 68° (statt 71°) bilden, das Rhomboeder dann in *BD* senkrecht zum Hauptschnitt und senkrecht zu den neu angeschliffenen Flächen durchschnittlich und die beiden Hälften mit Kanadabalsam ($n = 1{,}536$) wieder zusammengekittet. Fällt auf ein solches Prisma parallel zur Längsrichtung ein Strahl *s*, so wird er in zwei Strahlen zerlegt. Der ordentliche *o* erhält eine solche Richtung, daß er an der Kanadabalsamschicht total reflektiert, auf die Seitenfläche *CB* geworfen und dort durch die Fassung absorbiert wird. Der außerordentliche *e*, der für den so regulierten Weg etwa das gleiche *n* wie der Balsam besitzt, geht ohne Ablenkung durch Kalkspat wie Kittung hindurch. Aus dem Nicol tritt also nur der außerordentliche Strahl, vollständig polarisiert und im Hauptschnitt schwingend, aus.

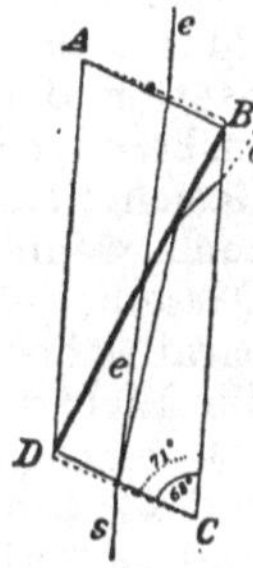

Abb. 151

Zwei solche Prismen lassen bei gekreuzten Schwingungsrichtungen gar kein Licht durch, da das aus dem ersten austretende polarisierte Licht dann im zweiten als ordentlicher Strahl hinaus reflektiert wird.

Die zur Kristalluntersuchung gebrauchten Polarisationsinstrumente sind nun so konstruiert, daß die Kristallplatte bequem zwischen zwei Nicols gebracht und zwischen diesen in ihrer Ebene auf einem drehbaren Objekttisch gedreht werden kann. Durch einen Spiegel wird das gewöhnliche Licht in ein Nicol, den Polarisator, geworfen, tritt aus diesem polarisiert aus, passiert das Präparat und geht durch das zweite Nicol, den Analysator. Durch eingeschaltete Linsen wird der

Gang der Strahlen so geregelt, daß sie entweder etwa parallel das Objekt durchsetzen („Beobachtung im parallelen Licht“) oder daß sie konvergieren und dadurch die Erscheinungen auftreten, die der x zeigt, wenn polarisiertes Licht gleichzeitig in möglichst verschiedenen Richtungen hindurchgeht („Beobachtung im konvergenten Licht“).

Erscheinungen im parallelen polarisierten Licht. Bringt man einen isotropen Körper, amorphe Substanzen oder kubische xx, auf den Objekttisch eines Polarisationsinstruments, so wird an der Polarisation der durchgehenden Strahlen nichts geändert. Insbesondere erfährt bei gekreuzten Nicols das Gesichtsfeld keine Aufhellung; es bleibt völlig dunkel, auch wenn man das Objekt in seiner Ebene dreht. Dasselbe gilt für Platten optisch einaxiger xx, die parallel der Basis geschnitten sind, in denen sich also die Lichtstrahlen in der optischen Axe fortpflanzen. Sie erscheinen zwischen gekreuzten Nicols dunkel und bleiben es auch bei einer Drehung in ihrer Ebene. Anders verhalten sich Platten schief oder parallel zur optischen Axe. Solche erscheinen zwischen gekreuzten Nicols im allgemeinen hell. Drehen wir sie dann in ihrer Ebene, so nimmt die Helligkeit der Platte ab bis zur völligen Auslöschung, sie wird wieder hell usw. Bei voller Drehung um 360° beobachten wir viermal, jeweils nach 90°, Dunkelheit („Auslöschung“) und in der 45°-Stellung maximale Helligkeit.

Erklärung: Das Licht tritt aus dem Polarisator mit einer bestimmten Schwingungsrichtung aus. Liegt der x gerade so, daß eine seiner Schwingungsrichtungen der des Polarisators parallel ist, so geht es unzerlegt und mit unveränderter Schwingungsrichtung durch und wird durch den Analysator ausgelöscht. Da der Kristall zwei aufeinander senkrechte Schwingungsrichtungen hat, geschieht das bei voller Drehung viermal, jedesmal nämlich, wenn eine seiner Schwingungsrichtungen einem der Nicolhauptschnitte parallel ist. Da man letztere kennt, kann man so die Schwingungsrichtungen (Auslöschungen) in xx bestimmen. Sind aber die Schwingungsrichtungen im Kristall schief zu denen der Nicols, so muß Helligkeit eintreten. Das aus dem Polarisator austretende Licht wird im x in zwei Anteile zerlegt, die senkrecht zueinander schwingend auf den Analysator treffen. In diesem geht wieder ein Teil beider als ordentlicher Strahl verloren. Der Rest beider Strahlen wird auf eine Schwingungsebene gebracht und kann interferieren, wobei die Schwingungsphasen verschieden sein werden. Bei Anwendung weißen Lichtes sind die Hellstellungen der Platte durch Interferenzen farbig. Warum und wie solche Farben entstehen, läßt sich am besten an einem Keil einer doppelbrechenden Substanz erklären, den man in 45° Stellung zwischen gekreuzten Nicols eingeschoben denkt. Bei der gewählten Anordnung[1]) tritt bei Phasendifferenz 1, 2, 3, ..., λ durch Interferenz Dunkelheit, bei $\frac{1}{2}$, $\frac{3}{2}$, $\frac{5}{2}$, ... λ maximale Verstärkung ein. Im monochromatischen Gelblicht wird also z. B. bei 1 λ, 2 λ, ..., ein schwarzer Streifen erscheinen. Für das kürzerwellige Blau erschiene der Streifen schon bei *b*, das längerwellige Rotbei *r*. Bei allfarbigem Licht treten Mischfarben auf, die durch den Ausfall jeweils einer Wellenlänge bedingt sind.

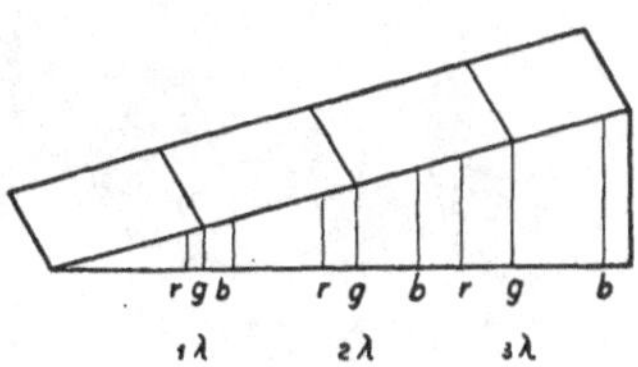

Abb. 152

Bei 2 λ, 3 λ usw. überlagern sich die Auslöschungen mehr und mehr, die Farben werden verwaschen. Die Abbildung zeigt, daß der Gangunterschied und damit die Interferenzfarbe abhängig ist von der Schichtdicke; er ist es natürlich auch von der spezifischen Doppelbrechung des Minerals und von der Schnittlage (Abb. 152).

[1]) Bei der selten angewendeten Parallelstellung der Nicols tritt die normale Interferenz: Verstärkung (Helligkeit) bei ganzen, Dunkelheit bei halben λ, ein.

Erscheinungen im konvergenten Licht. Es haben bevorzugt die Erscheinungen Interesse, die eine senkrecht zur optischen Axe geschnittene Platte zeigt. Hier beobachten wir ein sogenanntes Axenbild, das im einfarbigen Licht bei gekreuzten Nicols aus einem System dunkler Ringe mit einem dunklen Kreuz besteht (vgl. Abb. 153). Die Balken des Kreuzes sind parallel der Schwingungsrichtung der Nicols; durch eine Drehung der Platte in ihrer Ebene ändert sich das Bild nicht. Im weißen Licht sieht man dieses dunkle Kreuz mit einem System farbiger Ringe.

Abb. 153

Indikatrix. Um die Lichtbrechungsverhältnisse im Kristall ohne den immerhin umständlichen Weg über die Normalenfläche zu übersehen, hat Fletscher die „einschalige Indexfläche“ oder Indikatrix eingeführt. Man trägt jeweils die Brechungsindices in den dazugehörigen Schwingungsrichtungen ein. Die entstehende Fläche ist ein einschaliges Rotationsellipsoid (Abb. 154a und b). Für jeden einfallenden Lichtstrahl liefert der senkrecht zu ihm durch den Mittelpunkt gelegte Schnitt in seinen beiden senkrechten Haupthalbmessern die Brechungsindices und die Schwingungsrichtungen. Alle Schnitte sind Ellipsen mit Ausnahme derjenigen senkrecht zur c-Achse, der optischen Axe. Ein Strahl $\parallel c$ wird demnach keine Doppelbrechung zeigen („Axe der Isotropie“). Sämtliche elliptischen Schnitte haben einen Halbmesser gemeinsam (negative den größeren, positive den kleineren), der zugleich mit dem Radius des Kreisschnitts übereinstimmt. Der andere ist variabel und von der Strahlenrichtung abhängig.

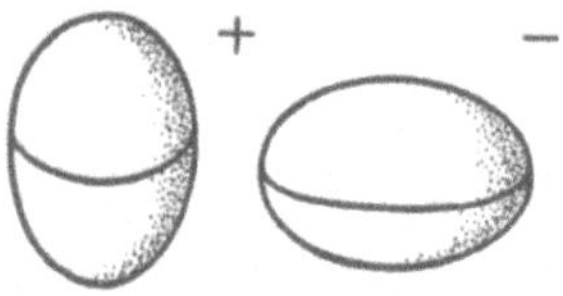

Abb. 154 a und b

Optisch zweiaxige Kristalle

Die Indikatrix der xx des o'rhombischen, monoklinen und triklinen Systems ist komplizierter. Wir haben nicht nur die Hauptbrechungsindices n_O und n_E, sondern die Werte n_x, n_y, n_z (auch n_a, n_b, n_c oder n_α, n_β, n_γ oder α, β, λ) zu berücksichtigen. Die Indikatrix ist ein dreiaxiges Ellipsoid, wo n_z den größten, n_y den mittleren, n_x den kleinsten Halbmesser darstellt. Durch zwei Halbmesser bestimmte Ebenen heißen Hauptschnitte. Der wichtigste Hauptschnitt enthält n_z und n_x (Abb. 155). Durch jedes dreiaxige Ellipsoid lassen sich zwei Schnitte legen, die Kreise sind („Kreisschnittebenen"), alle anderen sind Ellipsen. Lichtwellen, die senkrecht zu den Kreisschnittebenen den Kristall durchlaufen, erleiden keine Doppelbrechung (n ist ja hier in jeder Richtung $= n_y$). Die Richtungen der Lote auf den Kreisschnittsebenen haben also in dieser Hinsicht Ähnlichkeit mit der „optischen Axe" bei der Indikatrix der optisch einaxigen xx. Sie heißen daher ebenfalls optische Axen und die xx des o'rhombischen, monoklinen und triklinen Systems demgemäß optisch zweiaxig. In Abb. 155 sind k_1 und k_2 die Spuren der Kreisschnittsebenen, s_1 und s_2 die Lote darauf, die optischen Axen. Oa und Oc sind gleich n_x bzw. n_z, Ok_1 und Ok_2 natürlich n_y.

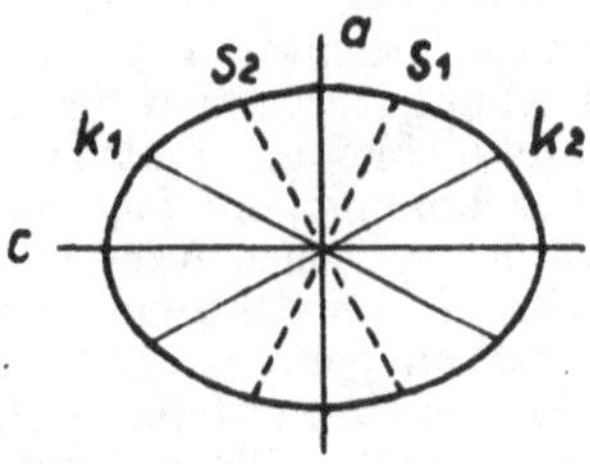

Abb. 155

Der Winkel der optischen Axen s_1Os_2 ist eine wichtige Größe zur optischen Charakterisierung der xx und heißt $2V$. Er kann stark z. B. auf kleine Änderungen der chemischen Zus. von Mischkristallen reagieren. Die Halbierungslinie des spitzen Winkels, die „spitze Bisektrix" (auch 1. Mittellinie) kann mit n_x (wie in

Abb. 155) oder n_z zusammenfallen. In ersterem Fall heißt der Kristall optisch negativ[1]); im zweiten positiv. Die Halbierungslinie des stumpfen Winkels heißt stumpfe Bisektrix, das Lot auf der „Ebene der optischen Axen" optische Normale.

Strahlenfläche und Normalenfläche zweiaxiger xx sind komplizierte zweischalige Flächen, deren Schalen einander in „Nabelpunkten" berühren. Die Schnitte der Strahlenfläche sind Ellipsen und Kreise, der Normalenfläche Ovale und Kreise.

Für die Erscheinungen im parallelen Licht ist hervorzuheben, daß es im Gegensatz zu den einaxigen xx bei den zweiaxigen keine Schnitte gibt, die bei der Drehung zwischen gekreuzten Nicols vollständig dunkel bleiben. Platten senkrecht zu einer optischen Axe kommen im allg. nur zufällig zur Beobachtung, da die optischen Axen ja nicht mit den kristallographischen Hauptrichtungen zusammenfallen; sie erscheinen zwischen gekreuzten Nicols nicht dunkel, sondern in einer gewissen Helligkeit[2]), die sie bei voller Drehung beibehalten. Alle anderen erscheinen hell bzw. farbig und löschen bei Drehung aus, wenn die Schwingungsrichtungen mit denen der Nicols übereinstimmen. Im konvergenten Licht zeigen Schnitte senkrecht zur spitzen Bisektrix die am meisten charakteristischen Erscheinungen. Ein solcher zeigt zwischen gekreuzten Nicols im einfarbigen Licht ein Axenbild, das in Abb. 156 schematisch dargestellt ist. Die Platte befindet sich hier in einer Stellung, daß die Ebene der optischen Axen der Schwingungsrichtung des einen Nicols parallel ist. Wir erkennen ein dunkles Kreuz mit Balken parallel den Schwingungsrichtungen der

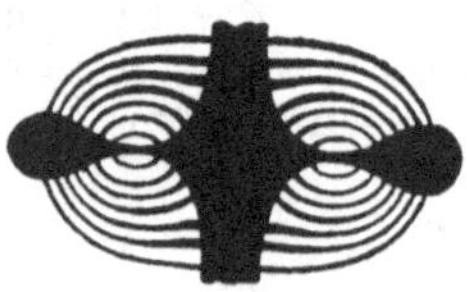

Abb. 156

[1]) Die Bezeichnung kommt daher, daß beim Kleinerwerden von $2V$ bis 0° hier das Bild der Indikatrix eines optisch negativen einaxigen x's entstehen würde.

[2]) Auf ihre Deutung kann hier nicht eingegangen werden.

Nicols. Die Stellen, wo die in der Richtung der optischen Axen durch den x gehenden Strahlen austreten, sind von dunklen ovalen Ringen umgeben, die in dunkle Lemniskaten übergehen. Das Bild zeigt Symmetrie nach der Ebene der optischen Axen (Hauptschnitt *ac*) und senkrecht darauf (Hauptschnitt entweder *ab* oder *cb*). Bei Drehung in die 45°-Stellung („Diagonalstellung") geht das schwarze Kreuz in zwei Hyperbeln auseinander (Abb. 157). Die Scheitelpunkte der Hyperbeln bezeichnen die Austrittspunkte der optischen Axen; ihre Entfernung ist nur abhängig von der Größe des Winkels der optischen Axen und n_y, aber unabhängig von der Dicke der Platten, die nur den Gangunterschied, also nur die Entfernung und Zahl der dunklen Kurven beeinflußt. Ob man den Austritt der Axen beobachten kann, hängt von der Apertur des Mikroskopobjektivs ab und davon, ob überhaupt im Medium Luft ein Austritt der Axen erfolgen kann (s. u.). Dreht man aus der 45°-Stellung weiter, so gehen die Hyperbeläste wieder zusammen, bis in der 90°-Stellung das Bild der 0°-Stellung, aber um 90° gedreht, erscheint usw. Dieses Öffnen des dunklen Kreuzes ist für die zweiaxigen xx sehr charakteristisch; es gestattet leicht die Unterscheidung von einaxigen xx — bei denen das Kreuz unverändert bleibt — auch dann, wenn an sich das Axenbild wenig deutlich ist. Im weißen Licht erscheinen das dunkle Kreuz und Hyperbeln wie im einfarbigen, die Kurve ist aber farbig.

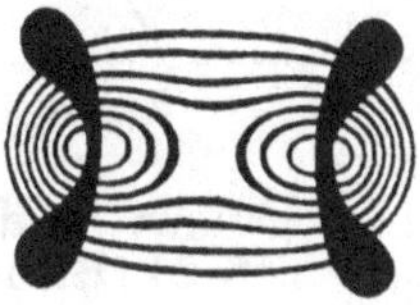

Abb. 157

Messung des Winkels der optischen Axen. Der Wert $2V$ (veritable) ist eine wichtige Konstante. Er ist prinzipiell leicht zu bestimmen, wenn man den Axenwinkel in Luft $2E$ (exterieur) messen kann und n_y kennt (Abb. 158). Es besteht ersichtlich die Beziehung $\frac{\sin E}{\sin V} = n_y$. Aus der Zeichnung wird auch klar,

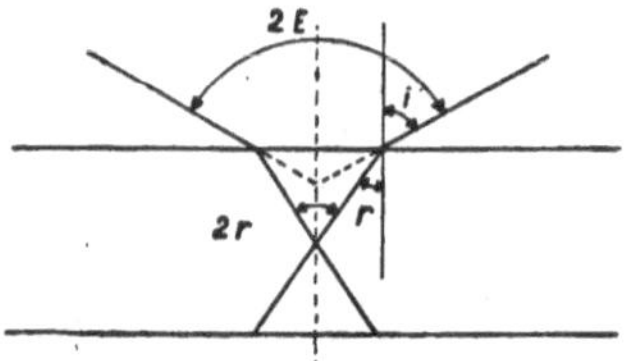

Abb. 158

daß bei großem $2V$ ein Austritt in Luft wegen Totalreflexion nicht mehr stattfindet. Eine Messung wäre dann an Kristallkugeln durchführbar, ist aber leichter, wenn die Messung einfach statt in Luft in Öl mit bekanntem n ausgeführt wird[1]). Auch aus den Brechungsindices läßt sich $2V$ leicht errechnen.

Die Dispersion der optischen Axen. Die S. 84 u. 91 beschriebenen Bezugsflächen beziehen sich jeweils nur auf eine Lichtart, ein bestimmtes λ, und sind für andere λ in ihren Dimensionen etwas anders. Beobachten wir also im weißen Licht, so werden sich Überlagerungseffekte, z.T. schwer übersehbar, ergeben. Bei den einaxigen Kristallen fällt die optische Axe für alle Farben mit der kristallographischen c-Axe zusammen. Die Dispersion wird sich also entsprechend Abb. 152 nur in einer verschieden starken Änderung der Farben in den einzelnen Ordnungen auch bei konvergentem Licht äußern. Bei den zweiaxigen dagegen sind die optischen Axen in ihrer Lage nur abhängig von n_x, n_y, n_z und der Lage von X, Y, Z in Beziehung zu den kristallographischen Axen. Die Lage der Axenebene ist also, entsprechend den Symmetrieverhältnissen im o'rhombischen System, stets einer Pinakoidfläche parallel; im monoklinen kann sie, wenn $Y = b$ ist, $\parallel$ (010) sein, sonst aber nimmt sie irgendeine irrationale Lage ($h0l$) ein; im triklinen schließlich bestehen gar keine Beziehungen zur kristallographischen Orientierung. Im o'rhombischen System wird damit sich die Dispersion der optischen Axen nur auf die mit der Wellenlänge verschiedene Größe des Winkels $2V$ beziehen, bei monoklinen und triklinen auch auf

---

[1]) Formel: $\frac{\sin H}{\sin V} = \frac{n_y}{n_{Öl}}$

die Lage der Axenebene. Die Art der Dispersion erkennt man bei Untersuchung des Axenbildes im konvergenten Licht an charakteristischen Farberscheinungen an den Hyperbelsäumen. Bei sehr starker Dispersion von $2V$ können die Hyperbeln völlig farbig erscheinen (z. B. bei Titanit), bei schwacher ist die Feststellung oft schwierig[1]). Am einfachsten mögen die Verhältnisse durch die schematischen Abb. 159 a—e dargestellt sein. Dabei sind die üblichen und nach dem Vorausgegangenen verständlichen Charakterisierungen für den gezeichneten Fall jeweils angegeben.

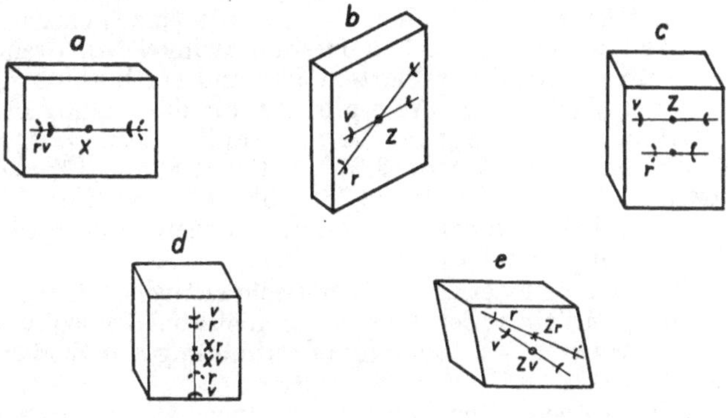

Abb. 159

Optisches Drehungsvermögen

Manche Substanzen haben die Eigenschaft, die Polarisationsebene des Lichtes zu drehen. Man sagt, sie sind „optisch aktiv" oder „zirkularpolarisierend". Diese Erscheinung ist, bedingt durch den

[1]) Stets beachte man, daß bei + Nicols immer Farben erscheinen, die den zunächst erwarteten etwa komplementär sind. Z. B.: Ist ein konvexer Hyperbelast orange gesäumt, so bedeutet das, daß dort keine Phasendifferenz für blau besteht, $2V$ für blau also kleiner als für rot ist. Der konkave Saum wird dann also seinerseits bläulich erscheinen.

Gitterbau, möglich bei xx der Symmetrieklassen, denen Symmetriezentrum wie Symmetrieebenen fehlen[1]).

Bedingt durch den Molekülbau, z.B. sog. asymmetrische Kohlenstoffatome in der Verbindung, ist sie auch bei Lösungen und Schmelzen verbreitet. Uns interessieren zunächst nur die Kristalle. — Bringt man einen basalen Schnitt eines einaxigen x dieser Art im parallelen einfarbigen Licht zwischen gekreuzte Nicols, so erscheint er nicht, wie man normalerweise erwartet, dunkel, sondern hell; Dunkelheit tritt erst ein, wenn man das eine Nicol gegen das andere um einen bestimmten Winkel, den für die einzelnen Substanzen charakteristischen Drehungswinkel (α), dreht. α ist proportional der Plattendicke und stark abhängig von der Wellenlänge. Man gibt ihn für die 1 mm dicke Platte an. Er beträgt für die Spektrallinien B, D, F, H bei chlorsaurem Natron 2,27°, 3,13°, 4,67°, 7,17°, bei Quarz 15,75°, 21,54°, 32,76°, 51,19°, bei Zinnober 210°, schnell zunehmend, aber wegen Absorption kaum mehr meßbar.

Bei den oben erwähnten optisch aktiven Lösungen ist α natürlich außer von der Schichtdicke auch von der Konzentration abhängig (Bestimmung des Zuckers im Urin!).

Bei Flüssigkeiten und in kubischen Kristallen findet die Drehung in allen Richtungen in gleicher Weise statt; bei den optisch einaxigen ist sie in Richtung der optischen Axe am stärksten und nur hier gut zu beobachten. — Bei den meisten zirkularpolarisierenden xx sind zwei um den gleichen Betrag entgegengesetzt drehende Formen bekannt. Beim Quarz ist beispielsweise die rechtsdrehende von der linksdrehenden schon an der Entwicklung von rechten oder linken Trapezoedern zu unterscheiden (Abb. 90a, 90b).

[1]) In seltenen Einzelfällen ist sie auch bei xx mit Symmetrieebene, aber ohne Zentrum möglich.

Im weißen Licht erscheinen von der Plattendicke abhängige Mischfarben. Beim Drehen des Analysators kann hier keine Auslöschung eintreten, da der Drehungswinkel ja für verschiedene Farben ist. Es ändern sich aber bei Nicoldrehung die Farben und zwar folgen sie bei einem rechtsdrehenden x in der Folge des Spektrums, wenn man nach rechts, bei linksdrehenden, wenn man nach links dreht.

Im konvergenten Licht zeigen einaxige aktive xx ein Axenbild, das sich vom gewöhnlichen nur dadurch unterscheidet, daß das Kreuz im mittelsten Teil — innerhalb des ersten Ringes — fehlt und statt dessen die Farbe auftritt, die im parallelen Licht die ganze Platte zeigt. — Legt man zwei gleichdicke rechts- und linksdrehende Platten aufeinander, so zeigen sich im Mittelfeld eigentümliche dunkle Kurven, die man als „Airy'sche Spiralen“ bezeichnet. Sie sind bei der Untersuchung von Quarzkristallen auf ihre Eignung zu Schwingquarzen (s. S. 104) von großer Bedeutung, weil sie sofort Zwillingsbildung nach dem Brasilianer Gesetz („optische Zwillinge“) zu erkennen gestatten.

Heute weiß man auch durch Strukturuntersuchungen, daß die Zirkularpolarisation nur auftreten kann in Gittern, die wendeltreppenartig aufgebaut sind, also Schraubenaxen besitzen. Lange vorher war das wahrscheinlich gemacht durch die „Reusch'sche Glimmerkombination“, in der eine große Anzahl dünner Glimmertafeln wendeltreppenartig (Glimmer ist optisch zweiaxig) übereinandergeschichtet sind. Sie zeigt in der Mitte genau die Erscheinungen eines optisch drehenden Kristalls.

Absorption des Lichtes in Kristallen

In allen Körpern wird ein Teil des eindringenden Lichtes „absorbiert“, d.h. nicht wieder abgegeben, sondern in andere Energieformen übergeführt. Ist die Absorption gering, so ist der Körper durchsichtig, ist sie stark, so wird er undurchsichtig; ist sie für alle Farben gleich, so erscheint er im durchfallenden

Licht farblos oder grau, ist sie verschieden, so erscheint er farbig. In isotropen Medien ist die Absorption in allen Richtungen gleich. In einaxigen xx ist sie verschieden für den ordentlichen und außerordentlichen Strahl, für den ersteren in allen Richtungen gleich, für letzteren verschieden je nach Neigung zur optischen Axe. In den Richtungen senkrecht zu dieser ist das Maximum der Verschiedenheit von *O* und *E*. Besonders auffällig ist die Erscheinung bei xx, die in verschiedener Richtung verschiedene Farben zeigen; man spricht daher von Dichroismus oder allgemeiner Pleochroismus. Gute Beispiele sind z.B. viele Turmaline, bei denen *O* fast völlig absorbiert, *E* lichtbraun, grün oder blau ist, Rubin mit *O* blutrot, *E* orangerot, Dumortierit mit *X* tiefblau, *Y* blaßgelb, *Z* fast farblos, Viridin (grüner Mn-Andalusit) *X* hellgelb, *Y* grasgrün, *Z* orange, Biotit *X* lichtbraun, $Y \sim Z$ tiefbraun u.v.a. Wo der Unterschied geringer ist, ist er erst mit dem Mikroskop (bei Verwendung eines Nicols), wo man zuerst die Farbe der einen, nach 90° Drehung der anderen Schwingungsrichtung beobachtet, oder noch besser mit dem Haidinger'schen Dichroskop zu erkennen, bei dem man die beiden Farben nebeneinander sehen kann. Bei den optisch zweiaxigen sind die Axen der charakteristischen Absorption $\parallel$ *X*, *Y* und *Z* und stehen damit senkrecht aufeinander. — In vielen Fällen bietet der Pleochroismus ein gutes Kennzeichen in der Mineralbestimmung; er kann aber im selben Mineral schon bei sehr kleinen Beimengungen stark schwanken.

Die optische Charakterisierung der Kristallsysteme ist im Vorausgehenden bereits enthalten. Sie sei übersichtlich hier wiederholt:

Kubisch. Die xx sind isotrop, bleiben also bei gekreuzten Nicols im parallelen Licht in jeder Stellung und Schnittlage dunkel und zeigen im konvergenten Licht kein Axenbild. — In seltenen Fällen, und wohl nie bei Dünnschliffdicke, zeigen xx der Klassen O und T optisches Drehungsvermögen in jeder Schnittlage.

Tetragonal und hexagonal. Die xx beider Systeme sind doppelbrechend einaxig mit optischer Axe parallel der kristallographischen Hauptaxe. Platten parallel der Basis bleiben bei gekreuzten Nicols im parallelen Licht dunkel und zeigen im konvergenten ein Axenbild (Abb. 153). Schnitte ‖ der c-Axe zeigen bei gleicher Schnittdicke das Maximum der Doppelbrechung.

Platten parallel einer Fläche der Prismenzone zwischen gekreuzten Nicols „löschen gerade aus", d.h. werden ‖ und ⊥ zur Prismenkante dunkel; solche parallel einer Pyramidenfläche löschen aus ‖ und ⊥ zur Spur des Hauptschnitts, Rhomboederflächen also diagonal zur Begrenzung (Abb. 160, 161).

Abb. 160

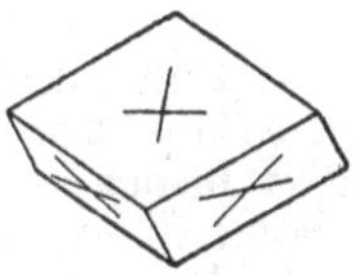

Abb. 161

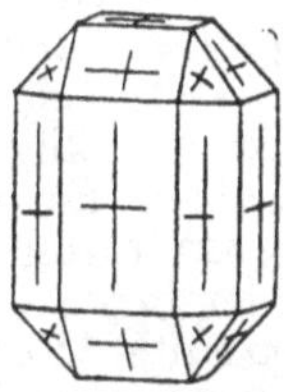

Abb. 162

xx der Symmetrieklassen ohne Symmetriezentrum und Symmetrieebene zeigen die S. 95 erläuterten Erscheinungen optischen Drehungsvermögens.

O'rhombisch. Doppelbrechend, zweiaxig. Die Hauptaxen der Indikatrix sind parallel den kristallographischen Axen. Die Ebene der optischen Axen ist damit stets ‖ einem der Pinakoide. Die „Auslöschung" ist gerade (bezogen auf die Kanten) auf den Flächen der Pinakoide und allen Flächen $\{hk0\}$, $\{h01\}$, $\{0kl\}$, schief dagegen auf den Pyramidenflächen (Abb. 162). Annähernd, aber nicht völlig dunkel sind nur die seltenen Schnitte $\perp$ zu den optischen Axen, d. h. parallel den Kreisschnittebenen der Indikatrix.

Monoklin. Doppelbrechend, zweiaxig. Eine der Axen der Indikatrix ist $\parallel$ der Orthoaxe (b-Axe). Ist es die optische Normale Y, so ist die Ebene der optischen Axen parallel der Symmetrieebene (010); ist es X oder Z, so ist die AE senkrecht zu (010). Die Auslöschung ist gerade nur auf allen Flächen der Zone der b-Axe (Abb. 163), auf den Flächen $\{hk0\}$, $\{0kl\}$, $\{hkl\}$ schief. Die Auslöschungsschiefe auf (010) ist besonders charakteristisch, braucht aber nicht das Maximum zu sein. Auch hier wird kein Schnitt völlig dunkel.

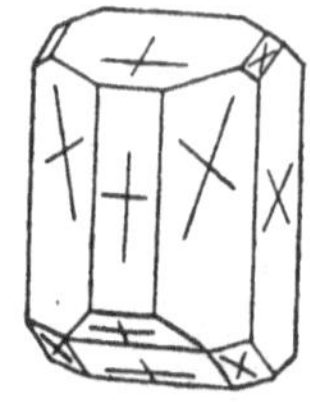

Abb. 163

Triklin. Doppelbrechend, zweiaxig. Zwischen optischer Orientierung und kristallographischen Richtungen bestehen keine Beziehungen. Die Indikatrix ist aber für eine bestimmte Lichtart immer noch ein dreiaxiges Ellipsoid.

Der Einfluß von Wärme und Druck auf die optischen Eigenschaften der xx ist insgesamt ziemlich klein, so daß er bisher vernachlässigt werden konnte. Für einige Sonderfälle sind aber Angaben darüber doch wesentlich. Bei fast allen xx nimmt bei Temperaturerhöhung das Volumen zu und etwa gleichlaufend damit die Lichtdurchlässigkeit, d.h. die Brechungsindices nehmen ab. Die Änderung ist bei O und E der einaxigen bzw. X, Y, Z der zweiaxigen jeweils unabhängig. Das bedeutet, daß die Werte für die Doppelbrechung kleiner oder größer werden oder auch durch Null hindurchgehen können und daß die Werte für $2V$ unter Umständen schnell sich ändern können. — Als Beispiel wird oft Gips angeführt:

In der Richtung größter Wärmeausdehnung zeigt er das stärkste, in der kleinsten die schwächste Verringerung der Brechungsindices. Die Ebene der optischen Axen liegt in der

Symmetrieebene („geneigte Dispersion") und zwar ist $2E$ für rot bei 11° C = 99°, bei 48° C = 74°, bei 75° C = 52°, bei 90° C = 0°. Bei etwa 90° ist also Gips einaxig; bei noch höherer Temperatur öffnen sich die Axen wieder und zwar nun senkrecht zur Symmetrieebene („horizontale Dispersion").

Der Einfluß allseitigen Druckes ist entsprechend der geringen Kompressibilität der Kristalle nennenswert erst bei enormen Drucken und zwar ist Erhöhung der Brechungszahlen zu erwarten. — Viel größer sind die Wirkungen einseitiger Beanspruchung (Druck, Zug), die aber hier nicht behandelt werden sollen.

Wärmeleitung in Kristallen

Auch die Wärmeleitung in Kristallen läßt sich auf zentrisch symmetrische Bezugskörper und auf Klassen analog den gerade aufgezählten der Lichtausbreitung zurückführen. Die Beziehungen zum Gitterbau sind aber z. T. auffallender als bei der Optik. Die Ausbreitung einer Wärmestrahlung geht im allg. ‖ der dichteren Packung im Gitter schneller.

Die experimentelle Bestimmung erfolgt am einfachsten mit einer bereits von Sénarmont angegebenen Versuchsanordnung. Man überzieht die zu untersuchende Kristallfläche mit einem dünnen Wachsfilm und erwärmt dann eine Stelle der Kristallfläche mit einer heißen Metallspitze. In der Umgebung der Spitze schmilzt das Wachs, und aus der Form der geschmolzenen Partie, die sich auch nach dem Erstarren durch einen verdickten Wulst deutlich absetzt, ist die isothermische Kurve, d.h. die Art der Ausbreitungsgeschwindigkeit in Beziehung zur Orientierung des Kristalls und in den relativen Werten gut erkennbar.

Bei isotropen Kristallen (ebenso auch bei Gläsern und statistisch isotropen Körpern) ist die Kurve ein Kreis, bei einaxigen entsteht auf der Basis ein Kreis, auf den anderen Flächen Ellipsen, deren lange oder kurze Axe im Hauptschnitt liegt. Bei optisch zweiaxigen gibt es eine Richtung größter, mittlerer und kleinster Elastizität, die aufeinander senkrecht sind.

Die „Doppelbrechung“ der Wärmeleitung ist viel größer als bei der Lichtausbreitung. So ist bei den Ketten- und Bandstrukturen die Leitung $\parallel$ der Kette erheblich besser (bei Tremolit z. B. $\parallel \frac{[100]}{[001]} = 0{,}36$), bei Schichtstrukturen umgekehrt $\parallel c$ viel kleiner als $\perp c$ (bei Graphit $\frac{\perp c}{\parallel c} = 4{,}0$, bei Muskovit sogar 6,0). Schon bei Quarz ist $\frac{\perp c}{\parallel c} = 0{,}53$.

Die Absolutwerte der Wärmeleitung sind viel schwieriger festzustellen als die relativen. Jedenfalls ist sie bei Metallen 10—100mal größer als bei Ionenkristallen und auch bei diesen untereinander sehr verschieden, ohne Beziehung zu Durchlässigkeit im sichtbaren Licht.

Bei Mischkristallbildung tritt oft eine sehr starke Wärmeleitfähigkeitverringerung ein. Auch andere kleine Beimengungen und Gitterfehler, wie Mosaikbau, Poren, Mutterlaugeneinschlüsse, haben großen Einfluß auf die Wärmeleitfähigkeit. Damit gehört diese zu den „gitterstörungsempfindlichen Eigenschaften“. Die Optik im sichtbaren Licht ist durch kleine Gitterstörungen kaum beeinflußt, ebenso die Ausdehnungskoeffizienten, dagegen sind Zerreißfestigkeit, Härte, elastische und plastische Deformierbarkeit, chemische Angreifbarkeit, aber auch der elektrische Widerstand bei fehlerhaftem Kristallbau im sogenannten „Realkristall“ oft um das 100-, ja mehrtausendfache anders als beim „Idealkristall“. Das erschwert natürlich die theoretische Behandlung dieser Dinge sehr.

Piezo- und Pyroelektrizität

Die Pyroelektrizität an Kristallen wurde zufällig entdeckt schon vor sehr langer Zeit (1703), als ein in heiße Asche gefallener Turmalinkristall Aschenstaub nur an einem Ende anzog. Er wird also bei Temperaturänderung an beiden Enden seiner polaren Axe elektrisch verschieden aufgeladen. Es wurde dann gefunden, daß auch Beanspruchungen anderer Art, insbesondere Druck, Ähnliches hervorrufen (Piezoelektrizität). Voraussetzung sind hierbei Kristalle mit polaren Axen, also auch ohne Symmetriezentrum; besondere Verhältnisse schließen auch die Klassen T_d und T des kubischen Systems[1]) und D_4 des tetragonalen aus.

Die Erklärung liegt im Gitterbau. Bei all diesen Kristallen besteht die Möglichkeit, daß durch die Deformation parallel gerichtete Baugruppen, z.B. im Turmalin SiO_4-Tetraeder elektrostatisch deformiert werden, was in einer Aufladung sich äußern muß. Ist das Gitter so gebaut, daß gleichviele derartiger Baugruppen in einander entgegengesetzter Lage vorhanden sind, so werden die Ladungen sich aufheben. Dasselbe ist der Fall, wenn durch Zwillingsbildung die Polarität verlorengeht.

Umgekehrt kann von außen hinzugebrachte elektrische Aufladung des Kristalls sich in Kontraktion oder Dilatation des Kristalls auswirken. Ein rhythmischer Spannungswechsel kann damit sehr genau ausgesteuert werden, wenn die Dicke des angewendeten Kristalls in seiner Eigenschwingung gerade dem erstrebten Rhythmus entspricht. Derartige Piezoeffekte sind bei sehr vielen Kristallarten untersucht. Weitaus die größte technische Bedeutung gewonnen haben sie bei Quarz, dessen Reinheit, Wasserunlöslichkeit und leichte Bearbeitung unübertroffen ist. Auch die Stärke des Effekts ist recht günstig.

Brauchbar sind aber nur solche Quarze, die gänzlich unverzwillingt sind, da sowohl das Dauphiné- wie das Brasilianer-Gesetz die Polarität der zweizähligen Axen aufheben. In den meisten Vorkommen (bes. Brasilien) ist daher nur ein kleiner Prozentsatz verwendbar. Das Fehlen der Zwillingsbildung ist oft nur schwer festzustellen. Zwillinge des Bras. Gesetzes sind auch in Bruchstücken leicht an den Airy'schen Spiralen

[1]) Die scheinbare Abweichung beim Boracit beruht auf dessen Umwandlung in rhombische Teilindividuen.

(S. 97) erkennbar, daher auch „optische Zwillinge", während das Dauph.-Gesetz am Fehlen der elektrischen Effekte oder durch Ätzung festgestellt werden muß („elektrische Zwillinge"). Bei Quarz liegt übrigens das Maximum des Effekts gitterbedingt nicht in der Richtung der zweizähligen Axe, sondern etwa 45° gegen sie geneigt und nicht genau in derselben Hauptschnittebene. ⊥ zu diesem werden die Blättchen von den erforderlichen Ausmaßen herausgeschnitten[1]). Die Zahl der in den verschiedensten elektrischen Geräten z.Z. zur Verwendung kommenden „Schwingquarze" oder „Oscillatorquarze" ist enorm, in den letzten Kriegsjahren etwa 30 Millionen!

Zum Verständnis des Schrifttums noch einige Erläuterungen: Der Pol, der bei Abkühlung negativ wird, heißt a n a l o g e r, der sich positiv aufladende a n t i l o g e r. Die Sichtbarmachung geschieht (nach K u n d t) mittels eines Gemenges von Schwefel und Mennige. Bei Passieren eines Seidennetzes wird der Schwefel negativ elektrisch und setzt sich am positiven Pol ab, bei Mennige ist alles umgekehrt. Die Aufladung ist unabhängig von der Länge des Kristalls (bzw. der Dicke des Blättchens), aber proportional der Temperaturänderung (bzw. dem Druck) und dem Querschnitt. Heute erfolgen die Untersuchungen mit einem Hochfrequenzoscillator.

[1]) Die verwendeten Größen schwanken im allg. von der eines Pfennig- bis zu der eines Zweimarkstückes.

Register

Die Namen der Symmetrieklassen sind nicht alle angeführt. Man suche fehlende in der Tabelle S. 28—33.

FSC
www.fsc.org
MIX
Papier | Fördert
gute Waldnutzung
FSC® C083411

Zeitfracht Medien GmbH
Ferdinand-Jühlke-Straße 7
99095 Erfurt, Deutschland
produktsicherheit@kolibri360.de